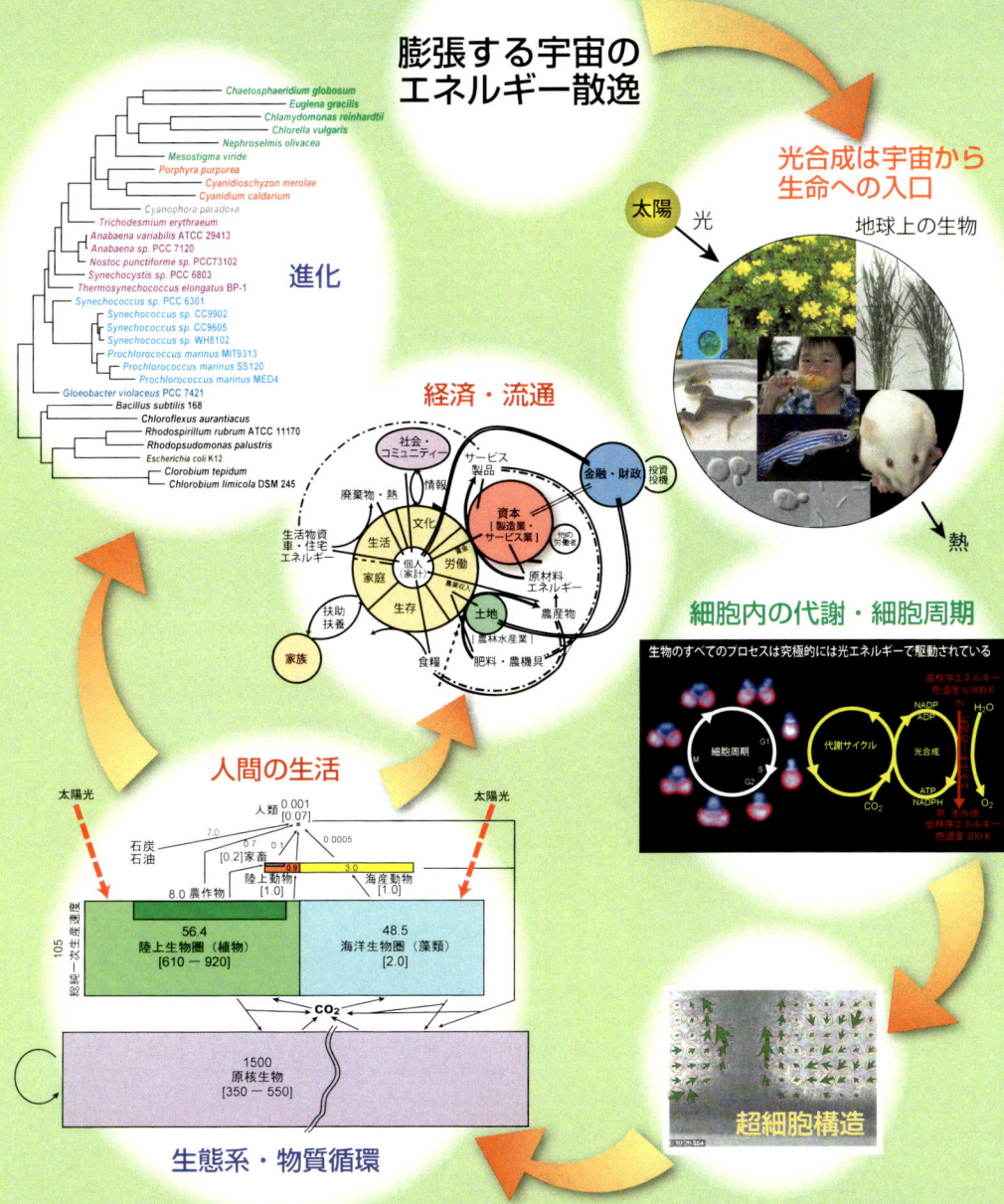

**ゲノムが解読された生物の系統樹**（133ページ参照）

写真提供　成瀬 清：ゼブラフィッシュ，二橋 亮：カイコ，松田良一：マウス，宮尾光恵：イネ，嵯峨直恆：スサビノリ，井上 勲：珪藻，wikipedia：ウィトルウィウス的人体図，その他は佐藤研究室．なお，この図には灰色植物は示していない．

エントロピーから読み解く
# 生 物 学

めぐりめぐむ わきあがる生命

佐藤 直樹／著

裳華房

# Biological World as Guided by Entropy:
## an essay on the circulating, coupled, and emergent life

by

NAOKI SATO

SHOKABO

TOKYO

# はじめに

　本書は，大学の学生を主な対象として，とくに専門的な前提知識なしに，生物や生命について，新たな観点から考えなおす題材を提供することを目的としている。その際のキーワードが，副題の「**めぐる** circulating」「**めぐむ** coupled」「**わきあがる** emergent」という三つの言葉である。「めぐる」というのは，生命や人間社会の活動がサイクルをなしていることを指し，「めぐむ」とは，それらのサイクルが，相互にエネルギーやものを供給しあっていることを示している。これを端的に感じるのは，大地震や大洪水など 2011 年に各地をおそった大きな災害が，多面的に社会に与えた影響の大きさによってであろう。その中で，私たちがふだん感じていない物流や資源のつながりとともに，人間の連帯意識の重要さを再認識させられる。しかし，それだけではなく，無生物から，分子，細胞，個体，生態系，進化，あるいは人間社会などと，生命活動を構成する多数の階層のそれぞれにおいて，下の階層の勢いをもらって上位の階層が「わき上がる」という「生命の勢い」の連鎖にも思い至る。誰の目にも明らかな生物の特徴である「生命の自発性」の源泉も，こうした「めぐりめぐみ　わき上がる」生命活動の中に見いだされるのではないだろうか。私は生物学を専門とするが，もともと学生の頃から哲学や思想には特別の関心をもって勉強してきて，いつか両者を総合しようと準備して来た。本書はこうした生命の基本的かつ統合的な理解をも目指し，生命の理解の仕方や生命科学の教育に，新しい風を吹き込むことができると期待している。以下，基本的な考え方について説明し，序論としたい。

＊

生命の学問がこれだけ発展したのは，20世紀後半からのことである。その理由は，生命の基礎となる遺伝情報が，解読できるようになったためである。そうした，新しい生命科学の進歩を支えるのが，次のような信念である。

「生命とは何か？という問いに解答を与えることが生物学の目的であることは議論の余地はない。そして，生物学研究の結果が生命観形成の基礎の一つになることも当然である。（中略）ライフ・サイエンスは，生物学の知識を基盤にして個体としての人間および人間と環境との関係を研究し，その理解のうえに，"人間らしく生きるとは"という課題に取り組もうという意気込みで生まれたのである。」

これは，生命科学者 中村桂子が，1980年に出版された科学史の本の中で書いていた言葉である（[87]：第6章冒頭）。分子生物学の黎明期に，「これからの生命科学は変わるぞ！」という大きな意気込みで，研究者が生命研究に取り組んでいた雰囲気が伝わってくる言葉である。その期待というのは，総合的な生き物の学問が生まれるというものだったに違いない。専門家も一般の人も，生命の研究に対してもつ期待は大きく，現在でも，生命の理解を通して，農業生産の向上や病気の治癒・予防といった面ばかりでなく，人間とは何者なのか，生きがいとは何か，など，人間の根本にかかわる問題にも理解が深まるものと期待されていることは変わらない。

ところが，現実の生命科学は，ますます個別の事象，個々のタンパク質や遺伝子の働きの記述に向かっている。これでは，生命の理解に対する期待には応えることができない。確かに，個別のことがらの理解が深まると，個々の応用には役立つかもしれない。しかし，生命を全体として理解しようという期待，一言で言えば，生命とは何か，人間とは何か，ということに対する答えからは，ますます遠ざかっていくようにすら思える。

\*

## はじめに

　生物学を教える本はたくさんあるが，多くは，一人の人間，一匹の動物などを対象としている。その結果，生き物は，細胞でできている，代謝を行う，増殖する，遺伝する，形態形成をする，内部の恒常性を維持する，環境に応答する，運動する，情報処理能力をもつ，などのさまざまな特徴をもつものとして描かれている。ところが，そのどれ一つとして，それだけでは生命を特徴づけるのに十分ではない。「生命とは何か」という問いに，一言で答えることができない。これまでの生命に対する考え方はどこかが違っているのではないかというのが，本書の出発点である。

　そこで気づいたのは，<u>生き物はひとりぼっちではない</u>ということである。生物は集団としてしか存在しないこと，それは，生物種としてもまた生物種の集まりである生態系としても同じである。複数の生物が共存し，何らかの関係をもちながら生きている。生き物を考える場合には，個々の体がどのようにうまくできているのかという観点だけではなく，異なる個体の関係から得られるものを見いだすという観点が大切ではないか。そう考えてみると，一つの体の中でも同様の関係が見えてくる。さらに一つの細胞の中でもたくさんの分子の間の関係がある。一方に多くあるものを他方に与えるということの繰り返しにより，生命のつながりが成り立っている，そんなふうに考えてはどうだろうか。この生命のつながりのすべてを理解するためのたった一つの尺度こそ，「**エントロピー**」なのである。エントロピーというタイトルを見ると何か難しそうな印象を受けるかもしれないが，本書では，**不均一性**という一般的な概念に置き換えて説明してゆくことにより，これまでにはない生命像の理解が得られるものと考えている。なかなか理解しにくい概念かも知れないが，本書を後ろからもめくりながら，不均一性を使えば生命のどんな新しい理解ができるのかを考えつつ，全体を通読してもらえれば一番よい読み方になるだろう。

＊

　私がずっと研究してきたのは，光合成生物の代謝，遺伝，進化である。私

たちが暮らすときに，太陽の恩恵を感じていることは滅多にない。しかし，私たちがものを考えること自体，体全体の5分の1にも及ぶ大きなエネルギーを消費し，それは究極的には太陽のめぐみなのである。生命世界全体が，主に太陽のめぐみによって成り立っていることは間違いない。そればかりか，雨も，風も，雲も，海の流れも，地上の万物が太陽のエネルギーによって生成している。私たちが呼吸している酸素は，すべて光合成生物が作り出したものである。私たちが生活の中で作り出す二酸化炭素を，再び有機物に変えてくれるのは，植物や藻類が行う光合成である。このように，生命のあらゆる活動が相互に関連していて，それらを究極的に駆動しているのが太陽である，ということを明確に表現することが，生命の理解にもっとも重要なことではないだろうか。

*

　めぐりめぐむのは生命だけではない。それを考える私たちの学問もめぐりめぐみあうことによって，そこからわき上がる総合的な知識を得ることができる。すでにきわめて専門化した知識であるが，個別の知識をつなぎ合わせて，すべてを総合することで，これまでにない知識が生まれるのではないだろうか。生命を考えるにも，異なる専門分野の学者は，ともするとお互いに言葉が通じない，考えていることがわからない。理系の研究者は，個別の細かい話を極めることこそが学問と思っているか，あるいはそう教えられた人が大部分である。私は，学問にはもっと違うものがあると思う。私が目指すのは，個別の知識を結び合わせることにより，個別の学問だけでは見えてこない考え方や，新たな次元での理解を創造しよういうことである。たくさんの物質が集まった複雑系では，個々のもの単独では見られない協同的な性質や，カオス，相転移などの新しい現象が生ずる。学問も同じではないだろうか。異なる分野の知識を総合するというのは，単に列挙するだけではなく，そこから別の次元の新しい知識を生みだすことではないのか。これが，本書に私が込めたもう一つの思いである。なお，本書は平易に書いたが，もとになる

資料はしっかり示すよう，引用文献は詳しくした．発展的理解に役立つものと期待している．

　このような広範囲にわたる書物であるので，個別の点については，誤解などあるかも知れないが，読者諸氏におかれては，全体をまとめて考えるということがテーマであることをご理解いただき，是非，建設的な指摘をお願いしたい．誤りは訂正しながら，さらに全体をしっかり考えてゆくようにしたいと考えている．

＊

　本書をまとめるにあたっては，多くの方にお世話になった．安孫子誠也氏には，光合成の熱力学の基本について，教えていただいた．山田晃弘氏には，内容のさまざまな点についてコメントをいただいた．その他，研究室メンバー，講義を受講した学生の諸君，また，原稿を読んでいただいた方々にもいろいろなコメントをいただいた．裳華房編集部の野田昌宏氏には，編集のパートナーとして，迅速かつ的確な仕事をしていただいた．ここに記して厚く感謝申し上げる．

2012 年 4 月

佐 藤 直 樹

# 目次

## 第1章 「生命」と「もの」
- 1・1 人間から考える　　　　　　　　　　　　　　1
- 1・2 生命の神秘を解くには　　　　　　　　　　　4
- 1・3 本書の構成と展開　　　　　　　　　　　　　8

## 第2章 めぐる生命のリズムとサイクル
- 2・1 細胞周期　　　　　　　　　　　　　　　　　9
- 2・2 概日リズムと光周性　　　　　　　　　　　　11
- 2・3 ライフサイクル　　　　　　　　　　　　　　14

## 第3章 細胞の中のめぐりめぐむ世界①　遺伝子・代謝・酵素
- 3・1 めぐるDNA　　　　　　　　　　　　　　　　17
- 3・2 めぐる代謝　　　　　　　　　　　　　　　　28
- 3・3 酵素もめぐる　　　　　　　　　　　　　　　33
  - コラム 3-1　遺伝暗号の役割　　　　　　　　　21

## 第4章 細胞の中のめぐりめぐむ世界②　エネルギーと運動
- 4・1 光合成と呼吸のめぐむ関係　　　　　　　　　40
- 4・2 多様なエネルギー獲得戦略　　　　　　　　　48
- 4・3 めぐる動き　　　　　　　　　　　　　　　　49
  - コラム 4-1　酸化と還元　　　　　　　　　　　42
  - コラム 4-2　二つの光化学系　　　　　　　　　44

目　次　　　ix

## 第5章　サイクルと流れが織りなす発生と形態形成
- 5・1　多細胞化への道程　　56
- 5・2　超細胞構造の温故知新　　62
- 5・3　細胞を集合させるシグナル　　65
- 5・4　多細胞生物も1個の受精卵から　　67
- 5・5　「わきあがる」パターン形成と「めぐる」細胞　　71

## 第6章　体の中でめぐる循環系とシグナル伝達系
- 6・1　身体と循環　　75
- 6・2　めぐる植物　　81
- 6・3　サイクルは何のため？　　86

## 第7章　生態系：めぐりめぐむものと生き物
- 7・1　捕食系のサイクル　　88
- 7・2　生き物の中の生き物ワールド　　90
- 7・3　めぐる炭素　　93
- 7・4　窒素もめぐる　　97
- 7・5　栄養元素の循環と土のめぐみ　　101

## 第8章　人間とともにめぐる生態系
- 8・1　地球のエネルギー収支　　103
- 8・2　海の循環と気候変動　　105
- 8・3　ちょっと変な生態系ピラミッド　　107
- 8・4　めぐりめぐむ人間社会　　112

## 第9章　世代をこえてつながる生命
- 9・1　輪廻転生と血のつながり　　118
- 9・2　進化と遺伝情報　　122

9・3　わきあがるヒトの進化　127

## 第10章　地球と生命の共進化
10・1　地球と生命の歴史　130
10・2　宇宙とつながる生命　137

## 第11章　生命の神秘から生命の秩序構造へ
11・1　パスツールと自然発生説の否定　140
11・2　自然認識は関係性の把握から　141
11・3　ベルクソンの「生命の勢い」説　143
11・4　シュレーディンガーの「負のエントロピー変化」概念　145
11・5　プリゴジンの散逸構造理論　146
11・6　目的論を見直す　148
11・7　積み重なる生命秩序　150

## 第12章　部品からサイクルへ：生命秩序とエントロピー差
12・1　生命のもう一つの科学を探す　155
12・2　生命のサイクルとエントロピー差　157
12・3　いろいろな顔をもつエントロピー　161
12・4　不均一性で秩序を表す　162
　コラム 12-1　エントロピーと自由エネルギー　159
　コラム 12-2　対数について　162
　コラム 12-3　情報量の計算　164

## 第13章　エントロピー差がめぐりめぐむ生命を生みだす
13・1　呼吸のエネルギーとエントロピー　168
13・2　すべての生命に「めぐむ」駆動力：光合成反応の不思議　169
13・3　光が与える「めぐむ」力：光化学反応で蓄えられるエントロピー差　172
13・4　エントロピー差とめぐむサイクル　173

13·5　めぐりめぐむ生命の基本単位モデル　　　　　　　　　175
　　13·6　代謝を越えて：めぐりめぐむ生命モデルの階層化　　179
　　　　コラム 13-1　エンタルピー変化もエントロピー変化の一種と考える　170

# 第14章　「不均一性」から考える生命世界と人間社会
　　14·1　「不均一性」から考える生命の原理　　　　　　　　186
　　14·2　「不均一性」から考える豊かさ　　　　　　　　　　190
　　14·3　自由と平等　　　　　　　　　　　　　　　　　　　196
　　14·4　めぐりめぐむ生と死　　　　　　　　　　　　　　　197
　　14·5　人間とは：生きがいを考える　　　　　　　　　　　199


　　　おわりに　　　　　　　　　　　202
　　　引用文献　　　　　　　　　　　205
　　　索　引　　　　　　　　　　　　212

# 第1章

# 「生命」と「もの」

　21世紀は生命科学の時代である。20世紀前半が物理学の輝かしい飛躍の時期であったとすれば，20世紀最後の20年間は，生命科学の革命の時代であった。というのも，これまでほとんど何もわかっていなかったと言ってもよかった生命に関する知識が，爆発的に増えたのがこの時期であったからである。そればかりか，その莫大な新しい知識に加えて，21世紀初めの10年間も驚くべき知識の拡大は止まらない。こうして近い将来，生き物，とくにわれわれ人間のことは，何でもわかるに違いないと思われている。

## 1・1　人間から考える
**人間への問いかけ**
　人間は古来，自分が何者であるのか知りたいと思って，探求を続けてきた。それは，人間の体のしくみをよく知ることによって，より健康な生活を送ることができるだろうという期待によるところもあったに違いないが，そもそも自分は何者なのか，なぜ自分はここにいるのか，そして，これから自分はどう生きていったらよいのか，ということが，**人間にとって根源的な問い**であり続けるからでもある。現代の（少なくとも先進国の）暮らしは，高度な文明に支えられることにより，物質的には人類史上かつてない豊かな生活となっている。確かに不況・失業，少子化や環境問題などなど，さまざまな社会的な問題はあるものの，それらは現代の豊かさを否定するものではない。
　ところが，「衣食足って礼節を知る」というにもかかわらず，生活の豊か

さの陰で現代人の悩みは深い。勉強しても成績が上がらない，希望の学校に進学できない，学校を出ても就職先が見つからない，いくら働いても常勤職に就けない，思うように昇進できない，適当なパートナーが見つからない，ほしくても子供にめぐまれない，など。また，健康の心配は尽きない。若くても致命的な病気に倒れる人がある。中年になれば，生活習慣病を心配しなくてよい人は珍しい。毎日が医者めぐりというようなお年寄りも身近に少なくない。長く寝たきりの生活を強いられるケースも珍しくない。

こうしたとき，人は何を思うだろうか。人として生きる以上，生きがいがほしい。それが，高収入や高い地位という場合もあるだろうが，人間は欲深い生き物である。こうしたたぐいの目標には切りがないし，その果てには壁がある。むしろ，生きがいとして，やりがいのある仕事を求めるという人は多いと思う。たとえ収入は多くなくても，また，それによって特別に昇進したりということがないとしても，自分で納得する仕事ができればよい，という考え方ももっともである。また，誰かのために尽くすのが生きがいということもあろう。多くの場合，子供や親や，配偶者のため，というのも納得できる。

こうした問いの裏には，「**人間とは何か**」，「**人間は何のために生きているのか**」，というさらに根源的な問題がある。しかし，この問題に入る前に，もう少しわれわれのまわりを見直してみたい。

### 人間と生き物

人間は生きている。しかし，生きているという点では，台所をはい回るゴキブリも，うるさい蚊やハエも同じである。最近はあまり見ないが，昔よく天井裏を駆け回っていたドブネズミも生き物である。春に私たちの目を和ませてくれるさまざまな色の花々やそれに群がる蝶，夏の暑さを和らげてくれる緑陰に響く蝉の声，収穫の秋にゆれる稲穂や豊かな果物と木々の落ち葉，枯れ木にぶら下がるミノムシやじっと耐えて春をまつ木の芽など，季節ごと

に私たちの身の回りを囲む生き物は数知れない。逆に，生き物がまったくない生活というのは考えられるだろうか。仮に一人きりで密室に暮らしているとしても，何も食べないわけにはいかないし，虫一匹いない生活というのはとてもありそうもない。強いてあげるならば，宇宙船の中だろうか。しかし，人間の食べ物は本質的には生き物に依存している。また，部屋に花の一つも飾りたくなるのは普通のことだろう。実物の花でなくとも，絵や写真という手もある。

すなわち，人間がいかにかけがえのない特別な存在であるとしても，他の生物なしに人間の存在はあり得ないという事実は認めざるをえない。趣味や趣向の対象として身の回りにある生き物もある。さらに，食糧は人間の生活にとって必須である。しかもその食糧というのは，他の生き物である。それが農作物にせよ，酪農産品にせよ，水産漁獲品にせよ，必ず他の生物を煮たり焼いたりあるいは生で食べるのである。一歩下がって考えると，何のことはない，動物園のサルや野山の動物と，やっていることに大きな違いはない。否(いな)，人間も含め，動物とはそういう存在なのである。

さらに，食糧だけでは人は満足しない。庭があれば植木のいくつかが植わっているに違いないし，狭いベランダに所狭しと植木鉢が並ぶのを見ることは，決して珍しいことではない。また，室内には生け花が活けてあるか，ドライフラワーが置かれていることもある。そもそも仏壇や神棚に花や榊をお供えするという風習自体，人間と植物との密接な関係を物語っているといえないだろうか。文化の中にも植物が根付いているのである。葬式でも結婚式でも，入学式でも卒業式でも，お正月でもお盆でも，だいたいの儀式は花で飾られている。誕生日にも，デコレーションケーキに加えて花のプレゼントがある。これも洋の東西を問わない。人間の文化があるところ，花は欠かせない。

### 人間存在の不思議

人間は**文化**をもった特別な生物である。だからこそ，先に提起した「人間

とは何か」という問にも特別の意味が込められているのである．人間には「**生きがい**」を考える必然性があるが，動物や，まして植物に「生きがい」があるとは思えない，と誰しも思う．しかし，人間は，その存在が他の生き物によって支えられていて，他の生き物なしに，人間存在はあり得ないことも明らかである．そうなると，他の生き物の犠牲の上に成り立つ人間生活や文化というのは，いったいどんな特別な意味があるのか，という問いが付け加わってくる．かえすがえす人間は不思議な存在である．

　宇宙人はいるのか，他の天体にも人間のような高度な文明をもつ生物がいるのか，などと考えるとき，その宇宙人が何を食べて暮らしているかなどに思いをいたすことがあるだろうか．宇宙人が単独で暮らすことなど，ほとんどあり得ないだろう．太陽電池でエネルギーを得るロボットのようなものでなければ．地球のような天体が宇宙にはいくらもあることが，最近の観測によって明らかになってきた．**ハビタブルプラネット** [60] と呼ぶのだそうだ．水の存在や温度条件，大気や重力などを考えて，地球に似た系外惑星を探す研究が進められている．しかし，ことはそれほど単純ではない．地球がいかに巧妙に生物を養っているのか，そしてそれをいかにうまく利用して人間が生きているのかをよく考えてみると，これは奇跡的なことに思えてくる．現在，地球温暖化が懸念されていて，あと何度か気温が上がると現在の文明は成り立たないと脅かされている．もしもそれが本当なら，宇宙人とても，その生存が可能な環境はますます希少になってしまう．

## 1・2　生命の神秘を解くには
### 「もの」と「流れ」

　どうしてこの地球上に生き物があふれ，人類が繁栄しているのだろうか．人間と動物や植物などは，どんな関係にあるのだろうか．もとは同じ種類の生き物であったものが，いまでは異なる動物や植物，そして人間として存在している．そして，互いに共存したり，えさとして食べたり，殺し合ったり，

さまざまな関係にある。しかも，人間も動物も植物も，そして普段目につかないたくさんの微生物も，幾世代にもわたって子孫を生み続け，連綿と生き続けてきた。どうしてこのようなことがずっと続けられるのだろうか。

　生命の問題を扱う哲学や思想の本は，思考の産物にとどまり，現実世界を見ることからはかけ離れている。これに対し，本書では，生き物をめぐる不思議を，できるだけ現実の生き物に即して，しかも最新の生命科学の成果に基づいた理解に照らして，考えてゆきたい。生命科学ではとかく，「もの」の発見が華々しく報じられることが多い。ホルモンや神経伝達物質など，その「もの」があればこれこれのことが起きる，というような話は素人にもわかりやすく，専門家の間でも「これこれのこと」という現象の理解が進んだことをもって，生命の理解が一歩進んだという見方をする。これは「花咲かじじい」パターンの理解である。特別な灰を振りかければ花が咲く，こんなわかりやすい話はない。だから，主な科学史上の発見というのも，「もの」の発見ばかりである。だからといって，生命は「もの」を集めれば作れるのかというと，決してそんなことはない。「**生きている**」というのは，これから述べるように「**状態**」であって「もの」ではない。そこで，私は「もの」ではなく「**うごき**」，「**流れ**」，あるいはベルクソンの言葉を使うならば，「**勢い**」[84] で生命を考えたいと思う。これまでの生命科学では，どうして「勢い」が顧みられなかったのだろう。生物学者は「うごき・流れ・勢い」に興味をもって研究をしているはずなのに，それを「もの」，つまり，「部品」に押し込めてしまっている。そこで，むしろ，「部品」を消し去ってしまったらどうかと思うに至ったのである。

　これは，自然科学における物事の認識のしかたによるのかも知れない。「**うごき・流れ・勢い**」を考えるときには，「もの」の最初の状態や位置と，変化後の状態や位置を考え，それらの差として，「**うごき・流れ・勢い**」を考える。デカルト座標でものの位置を記述し，その差で速度を求める微分法である。ところが，物理学の法則にも，運動量保存則（速度と質量の積が一定）のよ

うに，速度でものを考える方法がある。私はずっと昔から，物事を考えるには，デカルト座標的な（解析的な）とらえ方の他に，「**うごき・流れ・勢い**」をもとにしたとらえ方があるのではないかと思ってきた。ただ，現実に話をまとめようとすると，解析的でないと説明がしづらい。しかし，生命を考えるときには，映画の1コマ1コマの連続ではなく，やはり一続きの「**うごき・流れ・勢い**」として考えるべきである。人間がものを考えるのは，一続きの流れとしての営みであって，一瞬一瞬をつないでみても，考えていることの内容がわかるわけではない。同様に，代謝はものの流れであって，刻々と変化する物質量の差として考えるべきものではない。生命活動はおしなべて，「**流れ**」であって，「もの」のあつまりではない。「**流れ**」は，ただ単に流れるだけなら，一方向の流れであって，源泉が尽きたところで終わってしまう。生命の営みは一方向というよりも**循環**ではないか，というところから本書の着想が生まれた。

### 宇宙と生命

地球もめぐっているが，生命もめぐっている。宇宙のあらゆる天体がそれぞれ回っているように，生命もあらゆる階層でめぐっていて，お互いに作用を及ぼし合っている。そう考えると，宇宙から生命まで，万物がひとつながりになるという**宇宙＝生命観**が生まれてくる。物事はめぐっていて，はじめも終わりもなく，すべての物事はつながっている，と考えると，世界は別の見え方をしてくる。自分だけ豊かで楽しければよいと思って暮らしていると，誰もが同じことを考えるので，最後は自分につけが回ってくる。世界全体もそういうように動いているように思える。人に優しく，暖かく，などという道徳の基本もまた，生命がめぐりめぐむことから自然に導きだされる。

### 思考の転換をうながす

生命が「**めぐりめぐむ**」ことは，いわれてみれば，当然と思うかもしれな

い。しかし，これまでの科学の思考は，原因が結果を生みだすという直線的なものであった。生命の見方には，古来，**機械論**と**生気論**，あるいは少し意味合いは異なるが，**還元論**と**全体論**と呼ばれる対立があった。デカルトに代表される機械論は，生物体が機械仕掛けのようなものと考える立場，これに対し，生気論は，生命には生命なりの原理があるという立場である。還元論は，生物体を構成要素に分解してその働きを調べれば生命は理解できるという立場，全体論は，要素の集まりだけでは全体はわからないという立場である。生命現象が自発的に起きるように見える，つまり自然に生命活動が「**わきあがる**」ように見えることは，生気論や全体論の根拠となってきた。

　本当は，これらの立場の違いはそれほど大きいわけではない。というのも，生命を考えるという時点で，物質とは何かが違うことをわかっているからである。両者は，立場の違いであって，いわば，自分はこう考えたいというだけではないかとも思える。元来の生気論，つまり，生命力というような特殊な力があって，それは物質界の物理法則では説明できない，などと考えている科学者は，もはやいない。一方で，新しい生気論とでも言えるものが，物理学から生まれた。物質が集まって生物体ができたときに，集合的な性質として，何か新しいことが起きる（ここでは「**わきあがる**」と表現している）と考えるのである。ただし，集合的な性質は，無生物現象にもあり，そうなると，生命と物質には違いがないという考えもある。めぐりめぐむものは，物質世界にあるのだろうか。生命におけるめぐりめぐむ活動は，何が特別なのだろうか。古来，生命には合目的性があると考えられてきた。これは説明可能なのだろうか。生命活動が，めぐるサイクルのめぐむ作用によってできていると，目的と結果が一致してしまうのではないだろうか。合目的性と因果律は矛盾なく統合できるのではないだろうか。わきあがる生命活動は，どうして可能になるのだろうか。こんなことを，後半で考えてゆきたい。

## 1・3　本書の構成と展開

　これから，第 2 〜 10 章で，生命世界がいかに「**めぐって**」いて，お互いに「**めぐみ**」あっているのかを，いろいろな階層を例にとって説明してゆく。第 11 〜 14 章では，それまでに述べたことをもとに，私なりの仕方で生命や宇宙，さらに社会に対する考え方を紹介する。その際，「**不均一性**」という概念を導入し，めぐりめぐむものがどのように「**わきあがる**」のかという点から，生命世界全体を理解するということを提案する。生物学のいろいろなトピックスはさておき，本書のポイントだけを知りたいという読者は，**第 11 章**から読んでいただき，必要に応じて，前の方の図などを参照していただけばよい。「**めぐりめぐむ**」作用を考えれば，生気論や合目的性がなぜ出てきたのかも理解できるはずである。そして，最後に生きがいの問題に戻ってゆきたい。

　本書では，生命や地球のことまで扱っているが，自然科学の専門的知識はいらない。ある程度数式が出てくるところもあるが，数式がわからなくても論旨は伝わるのではないかと思う。大事なことは必ず誰にでも理解できるとの信念で，丁寧に語ってゆきたい。

# 第 2 章

# めぐる生命のリズムとサイクル

　生命とは何か，ということをテーマとして考えるにあたり，まず，最初に「めぐりめぐむ生命」という考え方を説明したい。「めぐる」という言葉はかなり曖昧で，循環する，回転する，遍歴する，などという意味を含む。「めぐむ」というのも，相互に助け合う，支え合う，恩恵を与える，愛情をもつ，など幅広い内容を包含している。このままではきわめて抽象的であるが，生命を，細胞から個体，種(しゅ)にまたがって しかも進化の歴史をふまえて表現するとすれば，これに優る表現を見いだすことは難しい。ここでは，まず，時間的な循環，つまり周期性に注目して，細胞，個体，世代などの異なる階層で「めぐる」ようすを見てゆく。

## 2・1　細胞周期

　細胞が分裂する過程をサイクルとして考えるのが，**細胞周期**という考え方である。細胞には，普通に栄養を摂取して太ってゆく時期と，分裂して二つに分かれる時期があり，それぞれを，間期と分裂期と呼んでいた。それだけでは繰り返しだけで，サイクルにならないが，間期の中身をさらに詳しく分類することによって，染色体(DNA)を合成している時期がわかった。すると，栄養摂取する時期，DNA合成期，分裂の準備をする時期，分裂期というように，サイクルを作ることになる。専門的には，これらの時期を，それぞれ**G1，S，G2，M**と呼んでいる。基本的には，これは**原核細胞**にも**真核細胞**（24ページ）にもあてはまるが，原核細胞では，非常に栄養条件がよいときには，

S期が連続して起きて、たとえば、2回先の分裂のためのDNA合成をする、というようなことも生ずるので、細胞周期が重複して複雑になってしまう。真核細胞では、それぞれの期が一つずつ進み、そのために、厳密な制御のしくみがある（図2・1）。

　ごく単純化して説明すると、それぞれの期では、その期を特徴づける「**サイクリン**」というタンパク質が徐々に合成されて蓄積してゆき、十分に蓄積したところで、次の期に移行する処理を行って、そのサイクリンは分解される。次の期には別のサイクリンが蓄積してゆく、という繰り返しである。このような砂時計的なしくみによって、細胞周期が制御されている。詳しいし

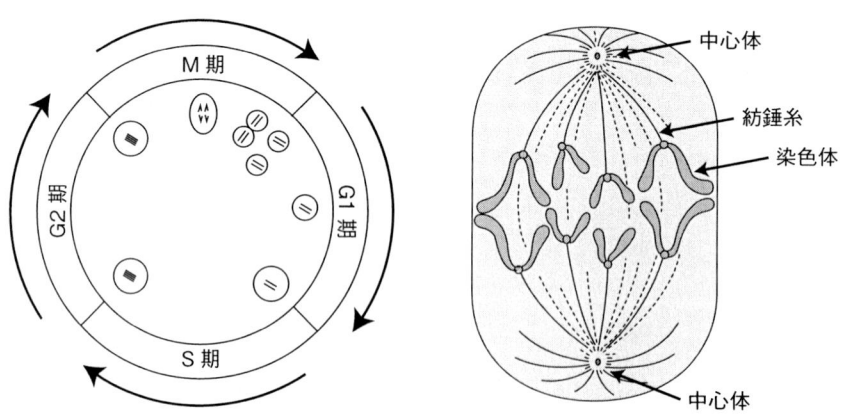

**図2・1　単純化した細胞周期の模式図（左）と分裂期の動物細胞の模式図（右）**
左の図の内側には細胞の模式図を示した。染色体を2本示したが、実際の生物ではもっとたくさんある。G1期に細胞の大きさが大きくなると、S期に入り、DNAが複製され、染色体も2倍になる。G2期を経て、M期には、染色体が分配され、細胞が二つに分裂する。右の図は、分裂期の動物細胞の模式図で、核膜が小胞として分散した後、複製された染色体の組を、両極に分かれた中心体（植物には明確な中心体はないが、同じ機能をもつものとして微小管重合中心MTOCがある）から伸びた紡錘糸（微小管からなる）が引き寄せようとしているように見える。これが中期と呼ばれる。しかし、実際には、紡錘糸は動的な構造で、一方で重合しながら他方で脱重合するという定常状態にあり、これも一種の「めぐる」過程である。紡錘糸が結合する染色体上の場所を動原体と呼ぶ。その後、紡錘糸が短くなりながら、染色体が両極に分配される。

くみについては，一般的教科書（[2～5]など）を参照していただきたい。ヒトの体の多くの細胞は，G1から脇道にそれたG0という増殖しない状態に留まっている。けがをしたときなど，傷口のまわりの細胞は，G0から抜け出して増殖を開始し，傷を修復する。うまく働けば，細胞周期は正常な細胞の機能である。しかし，細胞ががん化するなどの異常があると，G0の細胞が再び無制限に増殖を始める。

## 2・2　概日リズムと光周性

　生き物の体の中で「めぐる」ものには，**生物時計**もある[8]。ほとんどの生物は，さまざまな周期の内在性リズムをもっている。私たちヒトは，もともと，およそ24時間の周期（**概日リズム**）をもっていて，海外旅行のときには，時差のために，昼間でも眠くなったり，夜なのに眠れなかったりする。実に不便なようでもあるが，ふだんの生活の場合には，天気が悪くて空が暗くても，朝になるときちんと目が覚めたり，夜になると自然に眠くなったりして，このリズムがあることは好都合にできている。おそらくほとんどの生物は，このような概日リズムをもっていると考えられている。昔は，動物や植物などにしかリズムがないと思われていたが，最近では，いろいろな遺伝子の働き方を調べることで，微生物でも，約1日のリズムをもっていることがわかってきた。概日リズムがある理由は，地球上で長い期間かけて生物が進化してくる間に，一日の周期にうまく合わせて生きることができた生物が生き残ってきたためと考えられる。

　内在性のリズムは，必ずしも，ちょうど24時間というわけではないが，光によって時刻合わせをするしくみがあることにより，昼と夜に合わせた概日リズムが成り立っている（**図2・2**）。図にはいろいろなタンパク質の名前が出ているが，個々の成分よりも，全体のサイクルに注目してほしい。すでに，マウス，ショウジョウバエ，シアノバクテリアなどが，それぞれ独自のタンパク質や遺伝子によって，生物時計を構成していることがわかっているので，

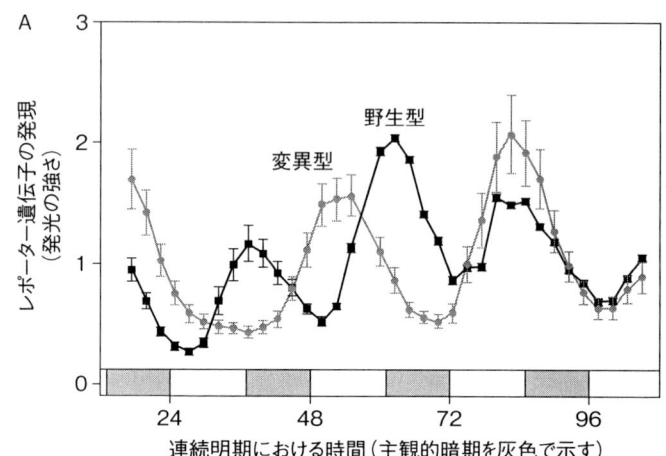

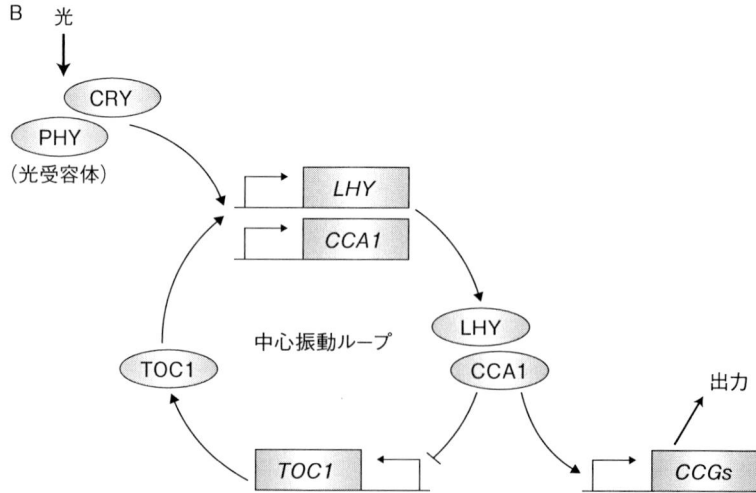

**図2・2 植物の概日リズム**
A. 生物発光を利用したレポーター遺伝子の発現でモニターした概日リズム。はじめ，12時間明／12時間暗の周期で栽培した後，連続明条件で育てても，発光のリズムが継続する。リズムに関わる *PRR7*，*PRR9* 遺伝子二重変異株では，周期がずれている（[23], Figure 1-5）。
B. 概日リズムの単純化したモデル。*LHY* 遺伝子の発現が光で制御され，*LHY* 遺伝子産物が *TOC1*（*PRR1* ともいう）の発現を抑制する。*TOC1* は *LHY* の発現を促進する。これにより中心振動ループが形成される。*CCA1* からはさまざまな他の遺伝子の発現制御が行われ，それによって植物の生理過程のリズムが生まれる（[24], Figure 2）。

## 2·2 概日リズムと光周性

時計の装置自体が大事なのではなく,結果的に時計として働くしくみをもつということが共通ということになる。また,概日リズムがなくても,絶対に生きられないわけではない。それでも,概日リズムをもつ細菌とリズムをもたない変異体を,明暗周期のある条件下で競争させた場合,リズムをもつ方が有利という研究がある。

ショウジョウバエの場合,**クリプトクロム**という,青い光を感じる色素タンパク質があって,それによって,時刻合わせが行われる。これに対し,哺乳類では,網膜が受けた光が神経によって**視交叉上核**に伝えられ,**時刻のリセット**が行われる。基本的に,どの細胞もリズムを発生するが,体中の細胞のリズムを統一するのは,視交叉上核である。単細胞生物でもリズムはあるが,多細胞生物のリズムは,振動体の間の相互作用により,全体として一つの振動に統一されている [8]。

植物や動物の中には,一日のリズムをもつだけではなく,**光周性**といって,一日の昼と夜の長さを感ずることによって,季節を知ることができるものがある。アサガオのような典型的な**短日植物**は,夏至を過ぎて日長が短くなってくると,花芽をつける。詳しい研究によると,アサガオが感じているのは昼の長さではなく,夜の長さだという。真夜中に少しだけ光をつけると,「長い夜」と感じられなくなり,花芽をつけない。これは「夜の中断」(night break)であるが,日本語では「**光中断**」と呼んでいる。これに対して,**長日植物**は日長が長いときに花芽をつける。

日長をうまく利用した例が,「電照菊」である。本来秋に咲く菊の開花を遅らせるために,夏の間,日暮れ後の一定時間照明を与えるのである。これにより,花芽をつけるのを晩秋まで遅らせることができ,実際の開花は翌年初めになる。この方法が開発されたのは昭和初期であるが,戦後,愛知県などで盛んに栽培が行われている。本来の開花時期とは異なる時期に菊の花を出荷できる画期的な技術だった。

花芽をつけるのと花が開くのとは別の話である。春先の花見に欠かせない

ソメイヨシノなどは，小さな花芽を形成したあと，冬の間ずっと花芽を膨らませてゆき，暖かくなると開花する。ソメイヨシノは，全国どこでも，また外国に輸出されたものも含め，すべて，挿し木で殖やされたものなので，遺伝的には同一である。このため，気候の指標として適していると考えられ，これが「桜前線」で春の訪れを表す根拠となっている。開花には，日長ではなく温度が重要であることが多いが，花芽をつけるかどうかを決めるのは，日長が重要であることが多い。

## 2·3 ライフサイクル

もう少し長い時間スケールで「めぐる」ものが，ライフサイクルである。この言葉は，日常語としては，ヒトの一生など，個体の発生，成長と繁殖によるサイクルを表す。言葉のもう一つの使い方として，ライフサイクルには，単相と複相のあいだを行き来する**生活環**もある（[2] など）。これらは**核相**を表す言葉である。**単相**（一倍体）は 1 セットの染色体（**ゲノム**）をもつ状態，**複相**（二倍体）は両親由来の 2 セットの染色体（ゲノム）をもつ状態を意味する。ヒトであれば，普通の体の細胞は複相であるが，精子や卵などの生殖細胞は単相である。ヒトの場合，単相のままで殖える状態は存在しないが，植物や微生物では，単相と複相のそれぞれで細胞が増殖することもある。

よく知られた例は，シダやコケあるいは海藻などである。シダを例にとると，通常私たちが目にするシダは，複相（胞子体）である。シダの葉の裏側には，褐色の粒のようなものがついていることがある。これは胞子嚢で，その中に多数の胞子が入っている。胞子は単相である。まき散らされた胞子は，土や木の根の上などで発芽し，小さな前葉体（配偶体）を作る。その上に，造卵器と造精器ができる。造精器から放出された精子が卵細胞と受精することで，再び複相の細胞ができる。これが増殖することによって通常のシダの姿になる。この場合，胞子体は**無性生殖**，配偶体は**有性生殖**をすると考え，有性世代と無性世代を繰り返すことを，**世代交代**と呼ぶ。これに対して，ヒトの場

合，無性世代での増殖がないので，世代交代があるとはいわない。

単相と複相は分子レベルで明確に定義できるが，世代の定義は性が分かれるかどうかにかかっていて，世代交代という言葉には，あまりとらわれない方がよいように思われる。**図 2·3** に示すコケの場合，通常のコケの姿をしたものは，単相の配偶体である。胞子体は受精した造卵器の上に作られるが，すぐに減数分裂をして，胞子を作るので，複相世代はきわめて限定されてい

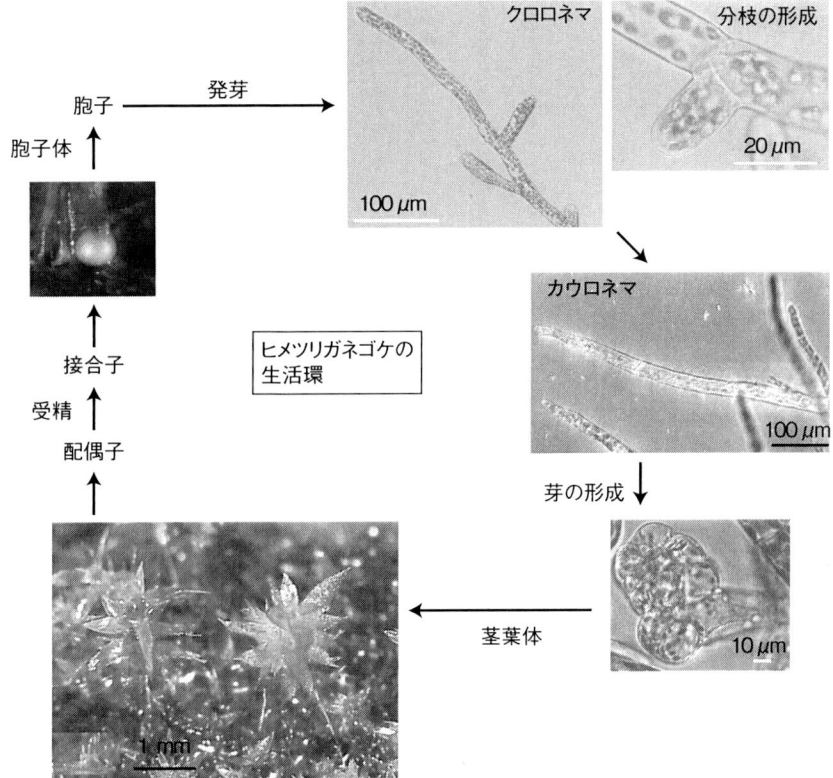

**図 2·3　ヒメツリガネゴケの生活環**
　ヒメツリガネゴケは雌雄同株であり，精子は水にのって造卵器に達すると考えられている。ゼニゴケの場合には，雌株と雄株が別になっていて，雄株から精子が霧状にまき散らされて飛んでゆき，雌株の造卵器上で受精する（筆者原図）。

る。なお，**減数分裂**とは，染色体の数が半分になる過程で，その際，両親に由来する染色体が乗換えを起こして，DNAの組み換えが起き，それによって，両親にはない遺伝子の組み合わせができることが特徴である。海藻では，海岸でよく見かける緑藻のアナアオサや，食用海苔の原料となる紅藻のスサビノリ（アサクサノリの仲間）などにも単相と複相があるが，アナアオサの場合，両者はよく似ていて，見かけでは区別しにくい。

　ライフサイクル（生活環）の図は閉じたサイクルとして描かれるが，実際には，有性生殖のところでは，新たな遺伝子セットをもった個体ができるので，遺伝的には断絶がある。実験室で育てた場合，胞子が発芽して原糸体，茎葉体を経て，次の胞子を作るまでには数か月かかる。自然界では一年間かけて一回りすることが多い。胞子は乾燥や寒さに耐えられるので，その状態で冬を越したり，さらに長い時間を過ごしたりすることもありうる。こうしたしくみは，最初の陸上植物としてコケ植物が誕生したときには，非常に有効に働いたに違いない。ライフサイクルは，有性生殖による遺伝的なリセット（新たな遺伝子の組み合わせを作り出したり，不都合な遺伝子を組み換えにより排除する）の他に，環境耐性をもつ休眠状態を作り出すという意味でも，生命の鎖をつないでゆく単位となっている。

# 第 3 章

# 細胞の中のめぐりめぐむ世界①
# 遺伝子・代謝・酵素

　生命世界を考えるとき，目に見えるサイズの物事はすぐにわかるが，ミクロな世界のことはなかなかわからない．しかし，目に見える規模の現象を引き起こしているのは，細胞レベルのミクロな現象である．そこで，ミクロなものから話を始めることにする．本章では，おもに，遺伝子，代謝，酵素といった，細胞を構成する基本的な分子について，「もの」としての説明も少しはするが，「流れ」の説明を進めてゆく．

## 3・1　めぐる DNA

　ミクロの世界の中で，生物にとって重要で，直感的に「めぐっている」ことがわかるものをあげるとすると，それは DNA である．DNA は「デオキシリボ核酸」の英語名の省略語である．DNA は遺伝情報を担ったひも状の物質，というより「長い長い分子」である．誰でも，遺伝情報は大事だと思うはずだが，それに加えて，私は，生命のめぐりめぐむ作用においては，遺伝情報が最終的には鍵を握っていると考えている（**13・6 節**）．しかし，順を追って，まず DNA について説明したい．

### 身体作りのレシピ

　遺伝とは，子が親に似ることに表れているように，身体のもつ「**形質**」(性質)が子孫に伝えられることである（[2, 3, 4] など参照）．しかし，どんな形質でも伝わるわけではない．形質を支配する因子全体で考えると，親がもつ因子

の半分だけが子に伝えられる．両親から伝えられた因子の総体によって，子の形質が決まる．おもてに表れる形質を**表現型**という．形質が顕在化するものもしないものも含めて，特定の個人（個体）がもつ因子の組を**遺伝子型**という．遺伝子型と表現型の対応関係を定めるのが，有名なメンデルの**優性**の法則である[20]．ヒトのように二倍体の場合，父方と母方由来のそれぞれ1本ずつの染色体があり，一つの形質を決めるのに，二つの因子（**遺伝子**）があることになる．二つとも同じものであれば，表現型もその形質になるが，くい違うときには，二つの遺伝子の作用の強弱（優劣）を考える必要がある．多くの場合，優性の（つまり作用が強い）遺伝子の形質が顕在化する．

　**遺伝情報**は，「どのような形質を発揮するか」を決める，いわばレシピである．遺伝情報は身体を作るための設計図といわれるが，できあがりの物質そのものの構造を示す部分もあり，また，どのように身体を組み立てていくのかを指示する部分もあるので，「できあがり図つきのレシピ」というくらいだろうか．遺伝子や遺伝情報についての詳しい話は，本書の中心テーマではないが，簡単に説明することにする．

　ヒトの遺伝情報は，46本の**染色体**の中に刻み込まれている．染色体は，ほぼ同じものが22対と，女性・男性によって異なる2本の**性染色体**，XXまたはXYがある．性染色体を別にすると，ほぼ同じ遺伝情報の組を二つもっている（**図3・1**）．このことをさして**二倍体**という．ヒトの場合，**一倍体**（昔は半数体と呼んだ），つまり22本の染色体プラスXまたはYをもつ細胞は，卵<sub>らん</sub>と精子である．


## 遺伝子とは

　遺伝子の一番基本的な役割は，**タンパク質**を合成するための設計図を提供することである．細胞は，この設計図がないと，タンパク質を作り続けることができない．タンパク質という言葉には，栄養素としての意味と，細胞を作る物質としての意味があるが，ここでは，後者の，細胞を作っている大き

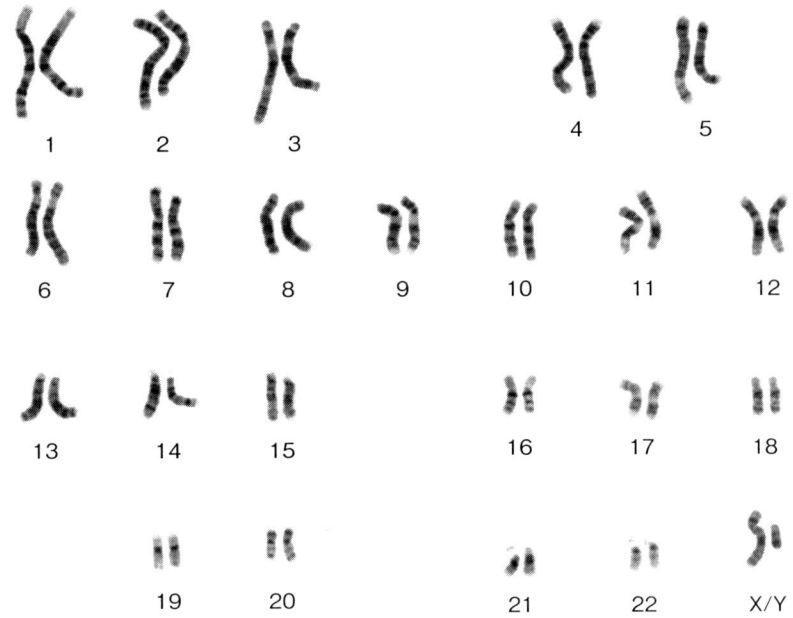

**図3・1 ヒト（男性）の染色体**
 特殊な方法によって，分裂期中期の染色体を染色し，それを平らにひろげて撮影した写真から，それぞれの染色体の像だけを切り取って並べたもので，こうしたものを核型という（米国 National Human Genome Research Institute ホームページより）。

な分子と考えることにする。詳しくは述べないが，タンパク質は，**アミノ酸**と呼ばれる分子量100程度の物質が，脱水縮合（2分子のアミノ酸から，水分子が抜けることによって，結合ができること：これをペプチド結合と呼ぶ）によって，つながってできる構造をもっている。このため，タンパク質の分子は，水の分子や二酸化炭素の分子よりはずっと大きく，複雑である。細胞の中には何千・何万種類というタンパク質の分子があり，多量にあるものと少量しかないものとがある。タンパク質の働きを考えると，細胞の中で形を作ったり運動を担ったりするものと，**酵素**として，さまざまな生化学反応の触媒となるものとがある。ここでは「触媒」を「ものを作ったり壊したりす

るのを助ける物質」と考えておくことにする。

　身体や細胞を構成する物質には，脂質や糖などもあるが，これらを作る反応も酵素によって触媒され，酵素の構造や合成量を指示するのが遺伝子である。簡単に言えば，細胞の構造や，そこで起きることのすべてを決めているのが，遺伝子ということになる。しかし，遺伝子が直接的にやっていることは，タンパク質合成の設計図の提示である。この直接の設計図は，**RNA**というさらに別の物質でできている。RNAは，DNAとよく似た物質であるが，構造が少し違い（ここでは，詳しく述べない），またDNAのように，相補鎖とともに**二重らせん**（図3・3）を作っていないため，安定ではない。安定でないということは，タンパク質合成の設計図としては，理にかなっていて，目的のタンパク質を作る必要がなくなれば，その直接の設計図であるRNAを壊すことにより，そのタンパク質の合成を，すぐにやめることができる。これに対して，DNAは保存版設計図ということもできる．

　分子レベルでの遺伝子の定義は難しいが，ここでは，「一つのタンパク質を作るための情報をもったDNAのひとつながりの部分」ということにしておきたい。厳密に言うと，本当にひとつながりであるとは限らないが，ここでは，簡単にしておきたい。ヒトの場合，遺伝子の総数は約25,000個といわれるが，その正確な数は，研究が進むにつれて少し多くなったり少なくなったりしている。いずれにしても，たったこれだけの数の遺伝子しかないというのは驚きである。ショウジョウバエという昆虫の遺伝子数は約15,000個で，単細胞の真核生物である酵母は約6,000個，大腸菌は約4,300個の遺伝子をもつ。一般的な考え方としては，5,000個程度の遺伝子があれば，細胞としての生活は成り立つが，昆虫のような多細胞体を成り立たせるには，もっとたくさんの遺伝子が必要で，さらに高次な脳機能などをもつヒトの場合にはもっとたくさんの遺伝子が必要だということになる。最新の電子機器や車を考えてみると，部品の数は数万個になるだろうから，生物の遺伝子数は意外と少ない。

## コラム 3-1 遺伝暗号の役割

　遺伝子として働くDNAの部分が，どのようにしてタンパク質を作るための情報を担っているのかについて，簡単に紹介する。詳しくは，生命科学関連書を参照のこと [2, 3, 4]。DNAを構成する塩基は，A, T, G, Cの4種類，RNAを構成する塩基は，A, U, G, Cの4種類であるが，DNAにおけるTは，RNAにおけるUと対応しているので，実質的に，DNAとRNAの情報に違いはない。

　DNAの情報はRNAに**転写**されてから，タンパク質合成を指示する情報として利用される。タンパク質を構成するのは，20種類のアミノ酸である。DNAでもRNAでも，一つのアミノ酸を指定するために，連続した3個の核酸塩基（**コドン**）を使う。このような対応関係のことを，**遺伝暗号**と呼んでいる（図3·2）。なお，本書では，アミノ酸の名前だけを紹介するにとどめる。

　一つのコドンが一つのアミノ酸に対応する。たとえば，RNAの配列上で，AUGというコドンは，メチオニンというアミノ酸を指定する。4種類の塩基が3個並ぶ並び方は64通りある。しかし，実際にコドンとして使われているのは61個で，3個には対応するアミノ酸がない。これらは終止コドンで，タンパク質合成の終了を指定している。

　61個のコドンが20種類のアミノ酸を指定しているので，だぶり（縮重）がある。たとえば，UUUとUUCは，どちらもフェニルアラニンというアミノ酸を指定する。さらに，アルギニンやロイシン，セリンを指定するコドンは，それぞれ6個もある。アミノ酸によって，それを指定するコドンの種類の数は異なっている。

　本来，DNAやRNAの上の核酸塩基は，ただ単にずっと続いているだけで，どこから3個ずつくぎってコドンとすれば良いのか（これを「読み枠」という），一義的に決まらない。しかし，メチオニンのコドンのうちの特定のものが，開始コドンとして機能し，それによって読み枠は決まる。どのAUGコドンが開始コドンとなるのかは，原核生

物の場合，主に，そのまわりの塩基配列によって決められている。また，真核生物の場合には，一つの RNA 分子の 5′ 端から順に探していって，最初に出てきた AUG が開始コドンになることが多い。

| 1文字目 | 2文字目 | | | | 3文字目 |
|---|---|---|---|---|---|
| | U | C | A | G | |
| U | UUU UUC フェニルアラニン<br>UUA UUG ロイシン | UCU UCC UCA UCG セリン | UAU UAC チロシン<br>UAA (終止) UAG (終止) | UGU UGC システイン<br>UGA (終止)<br>UGG トリプトファン | U C A G |
| C | CUU CUC CUA CUG ロイシン | CCU CCC CCA CCG プロリン | CAU CAC ヒスチジン<br>CAA CAG グルタミン | CGU CGC CGA CGG アルギニン | U C A G |
| A | AUU AUC イソロイシン<br>AUA<br>AUG メチオニン(開始) | ACU ACC ACA ACG スレオニン | AAU AAC アスパラギン<br>AAA AAG リシン | AGU AGC セリン<br>AGA AGG アルギニン | U C A G |
| G | GUU GUC GUA GUG バリン | GCU GCC GCA GCG アラニン | GAU GAC アスパラギン酸<br>GAA GAG グルタミン酸 | GGU GGC GGA GGG グリシン | U C A G |

図 3・2　遺伝暗号の表
　mRNA の上のコドンの配列と，アミノ酸との対応関係を示している。伝統的に，UCAG の順で，表が作られている。

### 二重らせん構造

図 3・3 に示すのは，DNA の構造の模式図である。軸をめぐって，右からと左から，2 本の長い DNA 分子が，互いに巻き付きあっている。このように，二重巻きになっているものを**二本鎖 DNA** といい，それを構成しているそれぞれの DNA 分子を，**一本鎖 DNA** という。二本鎖 DNA では，それぞれの一本鎖 DNA から飛び出した部分に，A，T，G，C の 4 種類の**塩基**と呼ばれる部品があって，両方の分子から出た A と T，G と C が，それぞれ対（塩基対という）を作る。これを「**相補的**である」という。つまり，一方から A が出ていれば，相手側は必ず T，一方から C が出ていれば相手側は必ず G である。この場合，それぞれの一本鎖 DNA が互いに相補鎖であるという。このらせん構造が「めぐる」DNA の第一のイメージである。

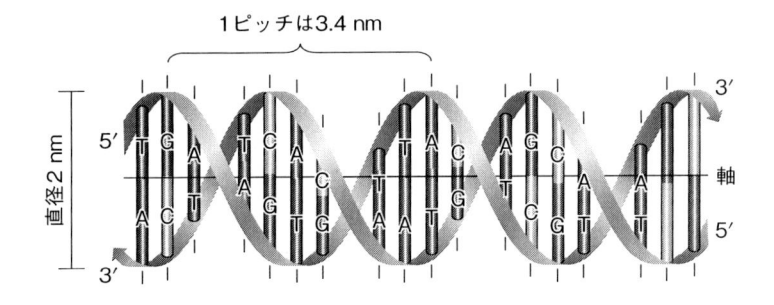

**図 3・3　DNA の二重らせん構造**
軸は説明のために描いてあるもので，実在しない。

　いま，DNA の二重らせん構造を説明するときには，「ひも状の分子」から飛び出した部品として A，T，G，C の名前を挙げた。これらは核酸塩基と呼ばれる亀の子型の複雑な分子であるが，本書では，細かい構造には立ち入らないことにする。ただし，A と G は六角形に五角形がくっついた形なので大きく，T と C は六角形だけの形なので小さい。これらはどれも，普通の有機物に含まれる炭素と水素のほかに窒素を含み，A 以外は酸素も含んでいる。窒素が含まれるために塩基性を示すことから，核酸塩基と呼ばれる。少し構造の異なる核酸塩基の身近な例として，調味料としておなじみのイノシン酸がある。イノシン酸は，鰹だしとして使われるものであるが，A が少し変化してできる物質である。痛風という病気の原因となる「プリン体」も，A や G が変化してできた物質を指している。

### DNA の折りたたみ方

　前に述べたヒトの染色体は，でこぼこした棒状である（**図 3・1**）。染色体には，DNA のほかに，タンパク質も含まれているが，DNA としては，両方に端をもつ線状の分子が含まれている。染色体ごとに，1 本の DNA が含まれている。しかし，最初にも述べたように，DNA はそのまま伸ばすと，と

ても長い。対になっている核酸塩基ひと組あたり，DNAは0.34ナノメートル（ナノメートルは1メートルの10億分の1）の長さがある。ヒトの一倍体染色体に含まれるDNAは，約30億塩基対であるので，単純に計算すると，1メートルになる。DNAは，**ヒストン**というタンパク質のまわりに巻き付き，さらにそれが自分でぐるぐる巻くことにより核（真核細胞の場合）の中に収まっている。卑近な例で言うと，タオルの生地では，糸がループ状に織り込んであり，一か所を切って引っ張ると，糸を引き出すことができるのと似ている。染色体を構成しているDNAも，こんな感じにループ状になりながら，上手に折りたたまれている。

### 回りながら複製

　動物や植物などは真核生物である。染色体が，**核膜**という膜で囲まれた核の中に存在するので，こう呼ばれる。これに対し，細菌など原核生物と呼ばれる微生物は，はっきりとした染色体をもたないが，分子としてのDNAはもっている。ヒストンの代わりとなるほかのタンパク質とともに，やはり上手にまとまって存在していて，**核様体**と呼ばれている。原核生物の多くは，環状の（丸くつながった）DNAをもつ。その環状DNAのどこか一か所（複数箇所もつ生物もある）に**複製起点**があり，そのちょうど反対側に複製終結点がある。**複製**のときには，2本のDNAを開きながら，複製起点から両側に向かって，DNAが複製される。**図3・4**は，その一か所の模式図だが，環状分子全体としては，ちょうどギリシャ文字のθ（シータ）の形になる。最後まで複製が進むと，二つの輪になる。複製を行うには酵素が必要だが，複製酵素はこの三つ叉になっている分かれ目のところにそれぞれ存在し，もとの輪を両側にたどるようにそれぞれが半周する。

### コピー付きの長い巻物

　昔の人は，今のような製本をする代わりに，書物を巻物の形で残した。巻

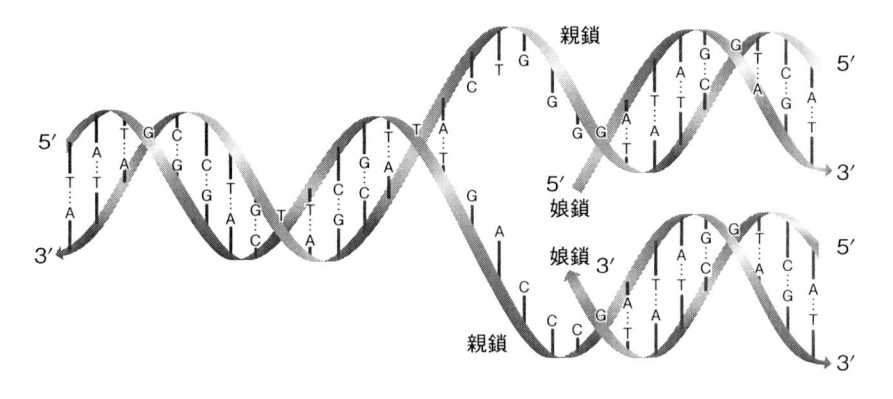

**図3・4 二本鎖DNAの複製を示した図**
2本の鎖がほどけて，それぞれに対して相補的なDNA鎖が合成されるので，このように分岐した形になっている。もともと存在したDNAを親鎖，それをもとに新しくできたDNAを娘鎖と呼ぶ。

物は保存性や携行性に優れているが，逆に拾い読みをするのには適していない。DNAは，細長いひも状の分子を2本絡み合わせながら，巻いたものであるが，どこからでも読めるようになっている。これが一番肝心な点である。巻物を外から見たときに，中に何が書いてあるのかわかるために，所々にインデックスがついている。これが**プロモータ**と呼ばれる部分である。これは，一つ一つの遺伝子の始まりを示す目印である。

　一つのDNAを構成する2本のひもは，無関係なものではなく，相補的になっており，それぞれ同じことを違う表現で表している。書かれている字面は違うのだが，一方があれば他方に何が書いてあるのかがわかる。無駄なことをしているように感じられるかも知れないが，そこが重要な点である。

　一般にものを複製するときは，どのようにするだろうか。日本古来の写本では，原稿を目で読みながら，手で書き写す。同じことは，コンピュータもやっている。ハードディスクに書かれた情報をいちいち読み出して，メモリなどに書き写すのであるから，写本と同じである。これに対して，鋳物や石膏細工では，いったん原型の型をとり，型に新たな材料を流し込んで，複製品を

作る。型を壊さなければ，大量生産ができる。DNAの複製はどちらのやり方でもない。鋳物の原型と型の両方をセットにして，両方とも複製するやり方である。DNAを構成する2本のひも状分子は，いわば原型と型の関係にある。複製するときには，それぞれについて相手を作るということで，常に原型と型をセットにしてもっているというメリットがここに出てくる。つまり，コピー付きの巻物である。原型と型をセットにしていると，一方が少し壊れても修復することができるという利点もある。生物は，それぞれの個体が，かけがえのない存在である。子孫を残さないで死んでしまえば，その生物種は絶滅する。確実に生命の糸をつないでいくためには，遺伝情報を安定的に保持し，完全な形で複製することが必要である。DNAはこの条件にぴったりあった物質ということができる。

### めぐるDNAのイメージ

DNAの構造を表す模式図を見ると，私には別のイメージも浮かぶ。8世紀初めに編纂された古事記 [89] によると，日本の国のはじめは，何もない混沌としたものであって，そこに，創成主の7代目の子孫であるイザナキノミコト（男神）とイザナミノミコト（女神）が天の千矛（天から下された立派なスコップのようなもの）をもってぐるぐるとかき混ぜ，ぽとりとしずくを垂らすことにより国土をつくった。二神はそこに降り立ち，天の御柱（儀礼のためにきれいに飾り立てた太い柱）を建ててから，結婚の儀礼を行った。その際，イザナキが左から，イザナミが右から柱をめぐり，出会ったところで愛の誓いを交わしたのである。古事記は，国の中のさまざまな習わしや掟がなぜそのようになっているのかを，故事にさかのぼって説明するために書かれていたので，これも結婚の重要な儀礼の起源を説明したものである。また，この話の前後には男女の身体が相補的であること，女性から先に告白してはいけないことなどの説明があり，こうした話題はそれだけでも，文化的に興味深い。

DNAの構造を見たとき，私は真っ先にこの話を思い出した．二つの長いひも状で互いに相補的な情報をもつ分子が，右からと左から，互いに巻き付いている構造は，自然と男女の結びつきを思わせるが，さらにこのような日本神話にもつながる．生き物を生みだす分子は，それにふさわしい姿をしている．

### かくれDNA

DNAは，そのすべてが利用されていると思いがちだが，実は，使えないようにしている部分も多い．真核生物の核で，**ヘテロクロマチン**と呼ばれる部分は，DNAに特殊な目印を付けた上で，たくさんのタンパク質でカチカチに固めて，遺伝情報の読み出しをしないようになっている．いわば，「かくれているDNA」である．また，女性の場合，2本あるX染色体のうちの一方は，全体がこのようになっていて，男女とも，働いているX染色体は1本だけに揃えられている．細胞分化によって，絶対に要らなくなった遺伝子の部分も，同様に封印されている．こうした現象を，**エピジェネティクス**と呼んでいる．ただし，こうしたDNAも複製するときには，きちんと複製できるようになっている．個人によっても，封印されている部分のパターンは異なり，それが細胞が分裂するときに伝えられる．塩基配列とは別の種類の遺伝的情報ということになる．

### のっぺらぼうなDNA

DNAの二重らせん構造をよくよく考えると，相補鎖が互いに結合している必要はあっても，らせん構造でなければならない理由は見つからない．単純に複製のしくみを考える限り，らせんである必要はないが，ではなぜ「らせん」なのだろうか．DNAという長くつながったひも状の分子を考えたとき，局所的に見た構造がどこでも変わらないのは，全体がはしご状の時か，らせん状の時である．はしごには表と裏があるが，それを巻いてできるらせ

んには表裏はない．らせんというのは，分子の構造のどの一部分をとっても，そのまわりが同じようになるための構造と考えることができる．遺伝情報はDNAに書き込まれているが，情報が書かれている媒体自体は，どの部分も物理的に同等でなければならないためである．言い換えると，DNAは情報と媒体の両方を兼ね備えている以上，少なくとも外から見た構造はどこでも同じに見える「のっぺらぼう」なものでなければならない．

この「のっぺらぼうなDNA」だが，遺伝情報を読み出すときや複製するときには，2本のひもを引きはがす必要がある．ところが，そこで問題がある．こうした絡まったものを引きはがすには，くるくるとねじる必要がある．そのため，どこかに切れ目を入れて，自由にねじれるようにする必要が出てくる．DNAの情報の読み出し（転写）や複製をしている部分の近くでは，転写酵素や複製酵素が固定されていて，DNAはぐるぐるとねじれながら，酵素の隙間をすり抜けていくというようになっている．そのとき，DNAは回転しながら動いていくのである．こうしてDNAが働くときにも「めぐる」のである．

しかし，DNAがめぐるという一番重要な点は，まだ示していない．生命の階層を越えて遺伝情報がいろいろな階層で起きることを指定することにより，生命の大きなサイクルができることについては，**第13章**で述べる．

## 3・2 めぐる代謝

ここからは，**代謝**を考える．ほとんどの生物の細胞には，栄養源として摂取した**グルコース**を分解して，生体エネルギーを獲得するために，「**解糖系**」や「**クエン酸回路**」と呼ばれる物質代謝のしくみがある．エネルギーには，低温物質がもつ熱エネルギーのように利用価値の低いものと，ものを動かしたりものを作ったりするのに利用できるエネルギーがある．後者は，「**自由エネルギーをたくさんもっている**」と表現する．生体の活動に使われるのは，自由エネルギーである．ヒトで考えるならば，食事によって摂取するデ

3・2 めぐる代謝

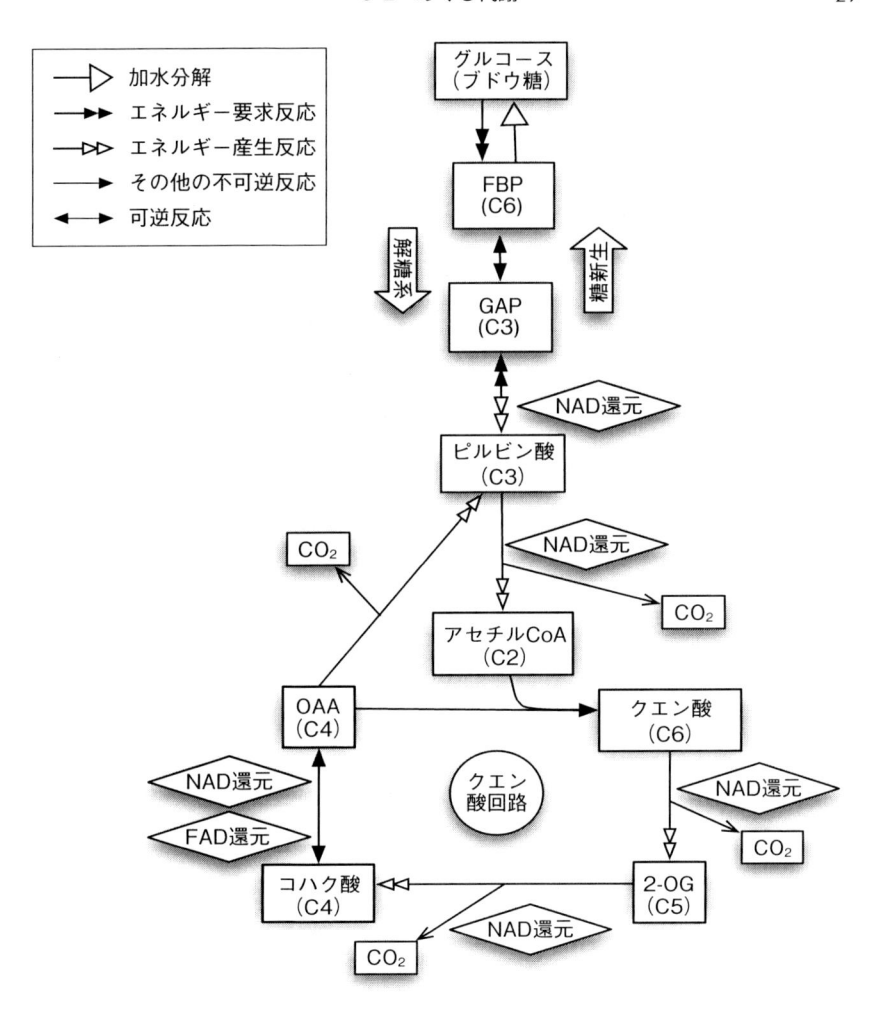

**図3・5　簡略化した解糖系・糖新生とクエン酸回路**
一つの矢印でも複数の代謝反応を表しているところが多いことに注意。NADがNADHに還元される箇所をひし形で示した。化合物の炭素数を括弧書きでCの後に示した。ATP生成は示していない（筆者原図）。

ンプンは，胃と腸の中で，構成単位であるグルコースに分解される。グルコースは血流に入り，体中に供給される（6・1節）。体の細胞は，グルコースを酸素によって酸化することによって，活動の自由エネルギーを得ている。原

理的には，グルコースを空気中で燃やしたときに出る熱量と同じだけの熱が，体内でグルコースを酸化したときにも発生する（**13・1 節**）が，体の中で起きる反応はゆっくりと段階的に進み，さまざまな生体活動に利用できる形のエネルギーを少しずつ得ている。このためのしくみが解糖系やクエン酸回路である（**図 3・5**，[2, 3, 4, 5]）。

### 酸化と還元で考える代謝

生体内でグルコースを酸化してゆく過程では，少しずつ酸化された中間段階の物質を，順次作ってゆく。そのたびに **NAD$^+$** という物質による酸化が行われる（この物質は，本来プラスイオンなので，右肩にプラスをつけて表すが，とくに必要のない限り省略する）。そのとき，NAD は還元されて **NADH** になる。NAD は，自分自身が酸化されたり還元されたりしながら，生体内で，**酸化**と**還元**による物質変換を助ける物質である。酸化と還元という言葉の詳しい説明は，**コラム 4-1** にまとめた。簡単に説明すると，酸化は，もともと物質に酸素が結合することを指したが，水素を失うことも酸化という。また，さらに一般的に，「電子を失うこと」を酸化という。たとえば鉄原子が 2 個の電子を失って鉄イオン $Fe^{2+}$ になるのは酸化であるし，これがさらに電子を失って $Fe^{3+}$ になるのも酸化である。酸化の逆を還元という。一般に二つの物質が互いに反応して，一方が酸化されれば他方は還元される。グルコースが酸素によって酸化されると，二酸化炭素ができ，酸素は還元されて水になる。

### 解糖系とクエン酸回路

**図 3・5** に示す解糖系では，炭素原子 6 個（C6）を含む**グルコース**の分子が，生化学反応をへて，炭素原子 3 個（C3）を含むピルビン酸という分子 2 個に酸化され，同時に，2 分子の NAD が NADH に還元される。また同時に **ATP** が 2 分子作られる。NADH や ATP は，自由エネルギーを蓄える役割が

ある．次に，ピルビン酸は，二酸化炭素を放出しながら，NADによる酸化（NADは還元される）を受け，補酵素A（CoA）と結合した酢酸（アセチルCoA）に変わる．

クエン酸回路では，OAA（オキサロ酢酸）という炭素4個を含む化合物に，CoAと結合していた酢酸が結合して，炭素6個からなる化合物（クエン酸）ができる．次にその中の2個の炭素原子が，順に，二酸化炭素として失われて，炭素4個からなるコハク酸となる．これがさらに酸化されて元のOAAとなる．一回りする間に，酢酸が2分子の二酸化炭素に酸化・分解されたことになる．その際，3分子のNADが還元されてNADHとなる．そのほかに1分子のGTPと$FADH_2$が作られる．

**呼吸**というと，体全体では，酸素を吸って二酸化炭素をはき出す過程だが，細胞の中になると話は違う．まず細胞の中にあるNADを酸化剤として使って，取り入れたグルコースを完全に二酸化炭素にしてしまう．後は，生じたNADHを酸素によって酸化しながら，ATPの形で自由エネルギーを保存する（図3・6）．最終的に，ATPを利用して細胞運動などの活動を行い，エネルギーはすべて熱の形で放出されるので，物質とエネルギーの収支ともにゼロになる．

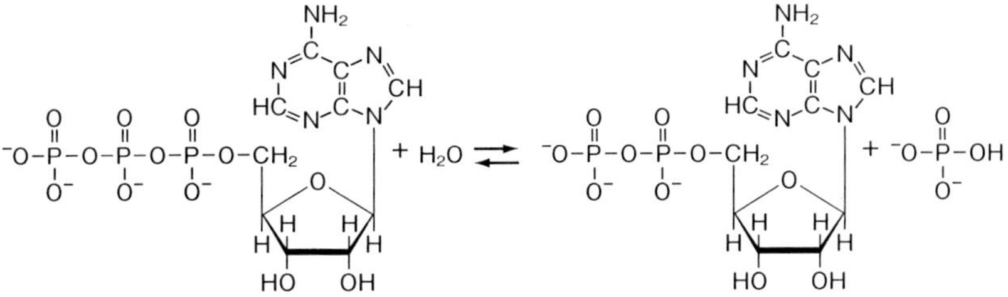

**図3・6　ATPの加水分解を表す反応式**
反応が右に進むときには，大きな自由エネルギーを放出し，左に進むときには，同じだけの自由エネルギーを吸収する．最新データによると，ATP加水分解の自由エネルギー変化は，$\Delta G^{o\prime} = -31.3 \text{ kJ mol}^{-1}$, $\Delta S^{o\prime} = 11 \text{ J mol}^{-1} \text{ K}^{-1}$である[55]．本書ではこの値を用いて計算している．$\Delta G$と$\Delta S$の説明はコラム12-1参照．

## 植物が行う光合成も酸化還元のサイクル

植物の葉は，太陽の光のもとで，空気中の二酸化炭素を取り込み，グルコースやデンプンを合成するが，その際には，**カルビン回路**と呼ばれる代謝回路が働く（**図 3・7**, [6, 49]）。はじめに，5 個の炭素原子を含む RuBP（リブロース 1,5-二リン酸）という分子に対して 1 分子の二酸化炭素が結合すると，分子が 2 個に分解して，PGA（ホスホグリセリン酸）が 2 分子できる。この反応は，**ルビスコ**と呼ばれる酵素によって触媒される。次の GAP は，解糖系（**図 3・5**）の途中でも出てくる物質で，ここから解糖系を遡れば糖になる。全体は複雑なサイクルになっているが，全体の収支は次のようになる。

最初に 6 分子の RuBP と 6 分子の二酸化炭素を使い，12 分子の PGA を作る。そのうち 2 分子は，あわせて炭素原子を 6 個含むので，これを F6P としてとりだし，1 分子のグルコースを作る。残りの 10 分子の PGA には 30 個の炭素原子が含まれるが，これをうまく再配分して，元々あった通りの 6 分子の RuBP を再生する。このサイクルでは，NADPH の還元力を利用する。また，

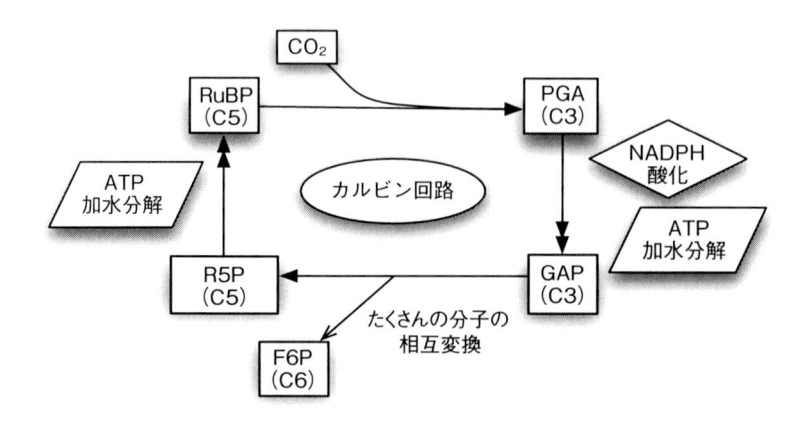

**図 3・7　カルビン回路の簡略化した模式図**
　実際には 6 分子の RuBP が反応に使われ，12 分子の GAP から 1 分子の F6P と 6 分子の R5P が作られる。F6P はグルコースの類似物質で，最終的にデンプン合成に使われる。図 3・5 と同様，括弧書きで化合物の炭素数を C の後に示した（筆者原図）。

ATPを使って代謝物質にリン酸を付加する．NADPHとATPが光のエネルギーによって合成されることについては，第4章で述べる．

全体をみると，カルビン回路が6回まわるごとに，6分子の二酸化炭素から，1分子の糖が作られ，回路そのものは元に戻る．こうしてみると，クエン酸回路もカルビン回路も，OAAやRuBPが少しだけあれば，それぞれ，酢酸や二酸化炭素をいくらでも処理することができるのが特徴である．

**めぐる代謝経路**

このように，一回りしている代謝系は多い．よく考えると，体を構成しているどんな物質でも，合成されたり分解されたりするので，合成と分解をあわせれば，たいていの物質の代謝は，循環回路を成している．体を構成する物質が代謝回転していて，つねに，老廃物の除去と，新たな物質の補給のバランスで成り立っている．

代謝そのもののほかに，代謝を成り立たせている酵素の働きも，サイクルを成している．光合成や呼吸の**電子伝達**も，電子回路を構成していると考えることができる（4・1節）．細胞で考えれば，細胞周期がある（2・1節）．G1期から始まって，M期で分裂が起きる．図3・8は，代謝回転と細胞周期の共役を表した概念的イメージである．栄養が十分にあると，G1からSに進むことができる．この図では，太陽の光が系に流入し，熱として流出しているようすも表されている．光から熱への変換の過程で，仕事をすることができ，それによって生命が成り立っている．

## 3・3　酵素もめぐる
**酵素は生体触媒**

酵素という言葉は，日常生活でもよく耳にする．酵素パワーの洗剤，歯垢を酵素が分解，などなど．酵素が入っていると，なんでも強力になるというイメージがある．中学の理科（第二分野）では，消化に関連して，酵素のこ

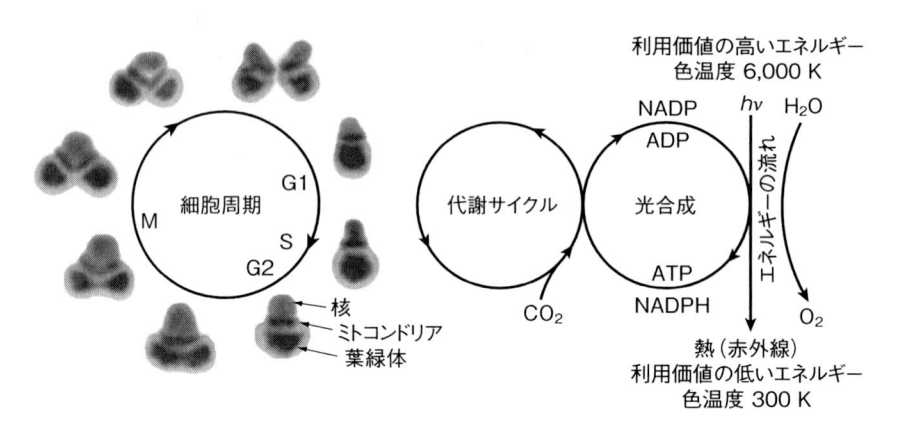

**図3・8　代謝と細胞周期の共役**
示した細胞は，紅藻の一種でシアニジオシゾン。細胞周期は
分裂の様子がわかるようにM期を詳しく示した。

とを勉強するはずである。酵素は**触媒**の一種であり，生物がもつ触媒のことを酵素と呼ぶ。触媒について，中学の理科（第一分野）では，「反応の前後で変化しないが，化学反応を促進する物質」などと教えられる。酵素は生体触媒である。触媒というと，一般的には無機物で，重金属かその化合物を使うことが多い。大きな工業プラントの中で，高温高圧下での反応を触媒するもの，という感じが強い。それに対して，酵素はタンパク質でできていて，熱に弱く，酸やアルカリにも弱く，それらの作用によって，変性して活性をもたない状態になり，沈殿したり固まったりする。実にひよわなものである。もっとも，最近の洗濯用洗剤に入っている酵素は，好熱菌から得られたもので，お湯の中でも，界面活性剤（つまり洗剤）の中でもびくともしない。普通の酵素であれば，界面活性剤によって変性して活性を失ってしまう。

### 触媒はめぐる

　さて，触媒の定義に戻って考えてみる。自分自身何も変わらなくて，それでいて，化学反応を促進するということができるだろうか。教科書によく出

てくる触媒の例が、**過酸化水素**の分解を促進する**二酸化マンガン**（正式名称は酸化マンガン（IV）という）である。過酸化水素は、水 $H_2O$ よりも酸素を余分にもった分子で、$H_2O_2$ と表記する。過酸化水素水の中に、二酸化マンガンを少量加えると、激しく泡が出てくる。この泡は酸素 $O_2$ で、この化学反応により、過酸化水素は水と酸素に分解される。このとき、二酸化マンガンの役割が触媒である。それは、分解されるのは過酸化水素であって、反応の前後で二酸化マンガンはそのままだからである。では、二酸化マンガンは何もしていないのだろうか。

二酸化マンガンは、マンガンという金属に酸素原子が2個結合した物質で、$MnO_2$ と書く。論文 [25] によると、この反応は4段階のサイクル（図3·9）で進む。ただし、反応の仕方は一通りではないらしい。近年、過酸化物などの汚染物質を除去することを目的として、これに関連するめざましい研究がなされている。この反応では、二酸化マンガンを含む化合物に、二分子の過酸化水素が順次、直接反応する。その結果、酸素分子ができる。**図3·9**で、太線はマンガンの状態変化を示しており、一回りする間に2分子の過酸化水素を還元することがわかる。これを見ると、触媒は高みの見物をしているのではなく、自ら御輿を担いでいる、つまり反応に直接関わっていることがわかる。

### めぐる酵素

では酵素の場合はどうだろうか。中学理科の実験では、唾液の**アミラーゼ**により、**デンプン**が分解されて**麦芽糖**に変わることを学ぶ。唾液は非常に強力で、かなり薄めたものでも、どろどろのデンプンがまたたく間に分解されて、さらさらになってしまう。麻婆豆腐のようにデンプンでとろみをつけた中華料理を食べるときに、よくわかる。私たちが食事をするときに、口の中で食べ物をかむことで、デンプンと唾液がよく混ぜられ、ご飯の中のデンプンは麦芽糖になる。デンプンは、グルコースが多数つながった分子構造をし

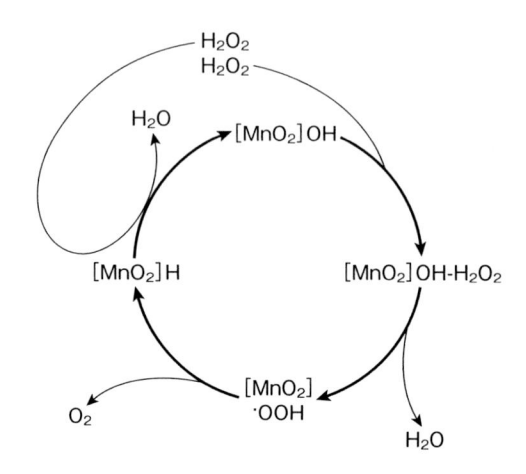

**図 3・9 過酸化水素の分解のときに，二酸化マンガンはめぐっている**
[25] に基づき作図（筆者作図）。

ている。麦芽糖は，グルコースが 2 分子結合したものなので，長く連なったグルコースの列から，2 個ずつ切り出すのが，アミラーゼの作用である。

　ヒトの唾液にあるアルファ・アミラーゼは，496 個のアミノ酸からなる分子量 55,000 の大きなタンパク質である [26]。まず，アミラーゼは，基質であるデンプンと結合する。デンプン分子の末端のグルコース 5 個分に相当する部分が，酵素の真ん中にある溝に入り込んで結合する。**図 3・10** は，酵素の溝のなかの一部分を説明した図である。溝の壁を構成しているタンパク質の一部分が作用して，グルコースとグルコースの間の結合を切り離す。この反応では，水分子が使われるので，**加水分解**と呼ばれている。

　この過程では，酵素の表面の溝にはまりこんだデンプンの末端部分に対して，酵素の一部分が化学反応を仕掛けて，酵素の一部と，基質であるデンプンの一部が，**共有結合**で結合した状態になる。一度こうした中間状態を経て，再度，水分子が反応することによって，最終的に，加水分解されたデンプンと麦芽糖ができあがり，それとともに，酵素とデンプンとの共有結合も解消される。

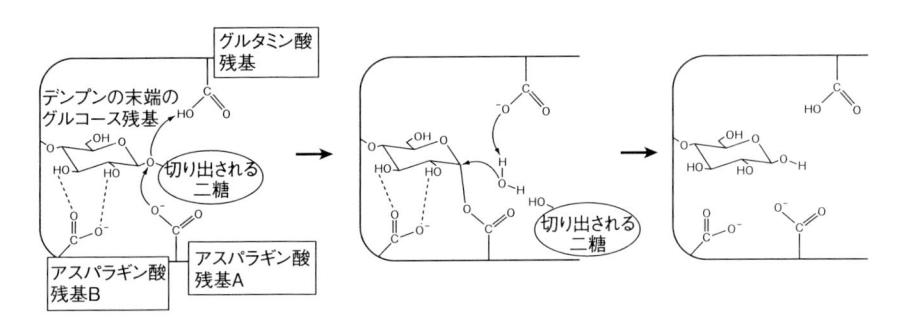

**図3·10　アルファ・アミラーゼの反応機構**
酵素の中の酸性アミノ酸であるグルタミン酸とアスパラギン酸の側鎖が協調的に働いて，デンプンの中の特定のグルコース残基の端を切り離す（GlycoWorldの図より改変 http://www.Glycoforum.gr.jp）。

　これを少し違った形で表現したのが，**図3·11** である。これは，酵素と基質が結合して，そこから生成物が出てくるという図式である。これで，酵素も触媒と同様にめぐることがわかる。このサイクルをまわすには，「基質が分解して生成物ができる」ことが，自然に起きうるものでなければならない。つまり，自由エネルギー変化（**コラム 12-1 参照**）がマイナスでなければならない。その意味で，基質自体には，反応に参加した結果，安定化する性質

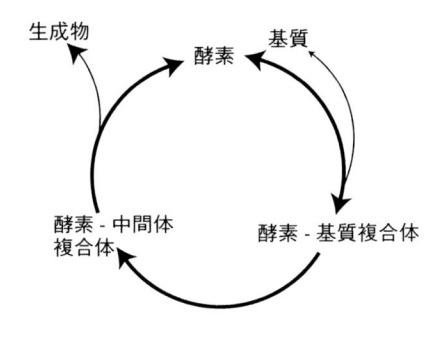

**図3·11　酵素反応のモデル**
酵素と基質が一度結合し，反応を経て生成物を生ずる。

がなければならない。言い換えれば，基質は生成物に変わるという「自然の性質」（自由エネルギー変化がマイナスということだが，これを**第12，13章**では不均一性として解釈することになる）があるのだが，**活性化（自由）エネルギー**（反応を始めるために必要な（自由）エネルギー）が高くて，普通の条件では反応が進まない。そのとき，酵素が介在することによって，サイクルの回転を通じて，反応が進むのである。

### 酵素はタンパク質でできた触媒

酵素はタンパク質でできていて，それ自身代謝回転している。つまり，酵素自身も，細胞内で作られたり，分解されたりする。タンパク質は，**コラム3-1**で述べたように，20種類のアミノ酸が1列に連なってできた大きな分子（高分子）で，私たちの体を作り上げる重要な物質でもある。ヒトが肉や魚を食べたときには，その中にあるタンパク質が消化されてアミノ酸となり，吸収された後に，今度は，ヒトのタンパク質に作り替えられて利用される。人体では，アミノ酸は，つねに一定の割合が分解されて捨てられる。その際に**アンモニア**ができ，それを**尿素**の形で尿中に排出する必要があるが，もしもアンモニアの排出ができないと，尿毒症になってしまう。腎臓の機能が悪くて，アンモニアの排出が十分にできないときには，人工透析などの手段で，尿素などの老廃物を除去する必要がある。アンモニアは老廃物といわれるが，植物や微生物は，再利用してアミノ酸に戻している。多くの動物がこうした機能を失ってしまったのは，タンパク質性の食物をエネルギー源として利用するためで，その際にアンモニアが余るためと思われる（**窒素の循環**については，**7・4節**を参照のこと）。

酵素の合成や分解の詳細なしくみについては，細かい部品がたくさん出てくるばかりなので，ここでは詳しく触れないことにする。詳細なしくみを知りたい方は，生命科学の教科書（[2, 3, 5, 7]など）を参照していただきたい。なお，アミノ酸から酵素（タンパク質）が作られ，再び分解される過程が，

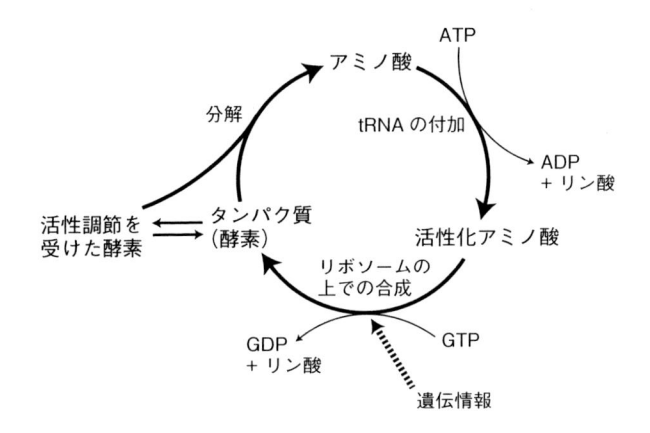

**図 3・12　酵素の合成と分解のサイクル**

サイクルを形成していることを指摘しておきたい（図 3・12）。ここで，ATP や GTP は，それぞれ，ADP や GDP とリン酸に「なりたがる」傾向（自由エネルギー変化がマイナス）があって（図 3・6 参照），それがこのサイクルをまわしている。

# 第 4 章

# 細胞の中のめぐりめぐむ世界②
# エネルギーと運動

　細胞内で起きていることを理解するために，前章では，DNA，光合成や呼吸を中心とした代謝経路，酵素などに注目した。本章では，細胞を機能させるためのエネルギーについて説明し，物質は循環するが，エネルギーは不可逆的に流れることを述べる。また，エネルギーの利用形態の一つとしての運動についても説明する。

## 4・1　光合成と呼吸のめぐむ関係

　生体エネルギー生産の代表的な過程として，**光合成**と**呼吸**がある。光合成は，**植物**や**藻類**の**葉緑体**などで行われ，光により，水から酸素を生成するとともに，**NADPH** と **ATP** を作りだし，それによって**二酸化炭素**から**炭水化物**（糖）を作る作用である。植物の他に，**シアノバクテリア**という原核生物も，同じ働きをもっている。これに対し，（好気）呼吸は真核細胞の**ミトコンドリア**や好気性細菌で行われ，NADH を酸素によって酸化する際の自由エネルギーを，ATP として蓄えるものである。

### 電子回路モデル

　光合成と呼吸は別々の過程であるが，地球上で行われている光合成と呼吸をそれぞれまとめて考えると，次の**図 4・1** のように，ひとつながりの過程になる [2, 6, 49, 50]。これを，植物の葉と根の関係で考えてもよいし，作物とそれを消費する人間の関係と見てもよい。

　実は，図 4・1 は，あまり一般的な表し方ではない。しかし，「光合成や呼

4・1 光合成と呼吸のめぐむ関係　　　　　41

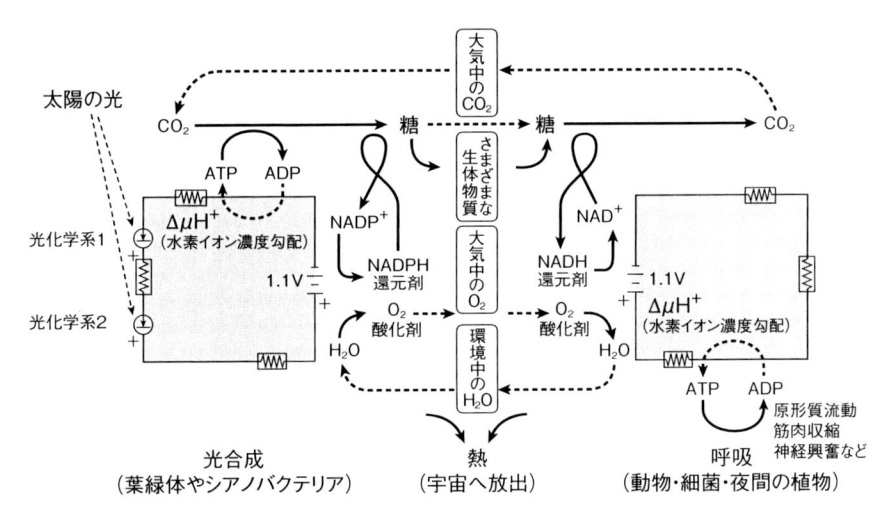

**図4・1　光合成と呼吸の全体像**
　太陽の光を二つの光化学系（クロロフィルなどを含む）が受けると，あわせて3.6 Vの起電力が生ずる．それにより電子が放出され，ここには示していない各種電子キャリアの間で受け渡されることで，図にあるような電流が流れることになる．その電流によって，一種の蓄電池を充電することになる．電池は，一方の極で酸化が，他方の極で還元が起きる．そのとき，水が酸化されて酸素が生じ，$NADP^+$という物質が還元されてNADPHができる．NADPHは二酸化炭素を還元するのに使われ，糖が合成される．従って，光合成の産物は酸素と糖となる．これを動物や微生物が受けとり，糖からは，NADH（NADPHとは少し違うが，基本的な性質はよく似た酸化還元物質）を作る．NADHの酸化と酸素の還元を行う二つの電極をもつ一種の電池によって電流が作られ，これを利用して，ATPが合成される．ATPは運動などさまざまな活動に利用される（筆者原図に基づく東大 LS-EDI より）．

吸の一番の本質は何か」と考えると，それは，電子伝達が酸化還元過程であるということで，言い換えると，図のような電池を使った回路ということになる．このような図を書いたからといって，葉緑体のまわりを一周するように電気が流れているわけでもなく，ミトコンドリアの中に電池が埋め込まれているわけでもない．ただ，それらは実質的に等価（同じ働きをすること）なのである．等価回路としては，光合成の電子伝達は，太陽電池による発電と，それによる $NADP^+/O_2$ 電池の充電である．呼吸は $NAD^+/O_2$ 電池の放電である．酸化と還元については，**コラム 4-1** を参照のこと．

### コラム 4-1　酸化と還元

　酸化と還元は本書の基本的テーマと密接な関係があるので，説明しておきたい。酸化にはいろいろな定義があり，「ものが酸素と結合すること」が最初の定義だが，一般的な定義としては，「電子を失うこと」である。逆に還元は「電子を得ること」である。つまり，酸化と還元という概念は，電気と密接な関係がある。たとえば，乾電池を考えると，プラスとマイナスの電極があり，マイナス極から電子が流れてきて，豆電球を通過してプラス極に入るときに灯りをつける。プラス極とマイナス極では，それぞれ，化学反応が起きていて，プラス極では物質の還元が，マイナス極では酸化が起きている。高校で習う金属の「イオン化傾向」は，「酸化されやすさ」つまり「電子を失いやすい程度」を表したものである。その最初に出てくるリチウム Li はきわめて電子を失いやすく，簡単に $Li^+$ イオンになる。

　実は，この**イオン化傾向**は数字で測れる量であり，それを**標準酸化還元電位**といい，$E°$ で表す。水素（気体）が水素イオンと平衡になっている水素電極を基準電極として，もう一方の極として測定したい金属を使った電池を考える。この電池の起電力が酸化還元電位である。電極で起きている反応を可逆反応と考えると，外から適当な電圧をかければ金属がイオンになるのを食い止めることができ，ちょうどイオン化を止めるのに必要な電圧が，酸化還元電位ということになる。イオン化傾向は金属にあてはまるが，一般に電子の得やすさ（還元されやすさ）を，標準酸化還元電位で表すと，有機物やイオンについても定義することができる。なお，この値は，電解質溶液に $Li^+$ がどれだけ存在するかや，基準電極を作る水素の圧力によっても変わってくるので，すべての物質やイオンの濃度が $1\,mol\,L^{-1}$（または 1 M と書く）であるときの値を，標準酸化還元電位 $E°$ と定義する。なお，気圧は 1 気圧（現在の正式なきまりでは，少し違う），温度は 25℃ とする。

　亜鉛 Zn の $E°$ は $-0.76\,V$ と低く，これに対して，銅 Cu のそれは

＋ 0.34 V と高い（ただし，2 価のイオンとの変換の場合）。この値が低いと金属はイオンになりやすい（[37] などを参照）。Cu と Zn を電極とする電池（ボルタ電池，ダニエル電池）の起電力は，両金属の $E°$ の差から計算できて，0.34 －（－ 0.76）＝ 1.10 V となる。なお，標準酸化還元電位の値については，文献 [37] の巻末データ集によった。

　生化学反応の場合，pH が 7.0 の状態を標準にした $E°'$ を使うことが多い（[7, 50] など）。酸素（気体）が還元されて水ができる反応については $E°' = 0.815$ V である。NAD$^+$ と NADP$^+$ の還元反応の $E°'$ はそれぞれ，更新された資料では，－ 0.3113V，－ 0.3166 V である [56]。

　ボルタ電池と同様にして，NAD$^+$ や NADP$^+$ と酸素を組み合わせると電池ができる。

## 電気で考える光合成

　光合成の詳しいことがらについては，私たちがまとめた教科書 [6] やその他の本 [7, 49, 50, 54] で詳しく解説してあるので，ここでは**流れ**に注目し，部品については必要な点だけを述べる。光化学反応では，一回の単位反応に **2 個**の**光量子**が使われる。光量子というのは，光を粒子として考えたときの名前で，1 個の光量子がもつエネルギーは，光の波長に反比例する。赤い光（波長 700 nm：ナノメートルは 1 mm の 100 万分の 1）と青い光（波長 400 nm）を比べると，青い光の方が 4/7 倍の波長をもっていて，そのため，1 個の光量子あたり 7/4 倍のエネルギーをもっている。葉緑体に吸収された光は，青でも赤でも，最終的には同じエネルギーを与えて発電を行う。つまり青い光のエネルギーの半分近くは，熱として無駄になっている。

　赤い光の 1 個の光量子は約 1.8 ボルトの**起電力**をもち，それが図 4・1 のように直列につながっているので，合計約 3.6 ボルトの発電に相当する。しかし，光が電気になる瞬間のところは可逆的なので，できた電気が光にもどる可能性がある。それを防ぐために，ただちに電気の一部を消費して熱に変えることにより，確実に光を電気に変えることができる。この必要不可欠な損失は

## コラム 4-2 二つの光化学系

　光化学系 1 と光化学系 2 を，別々の回路として考えることもできる（図 4・2）。その場合，プラストキノン（酸化型が PQ, 還元型が

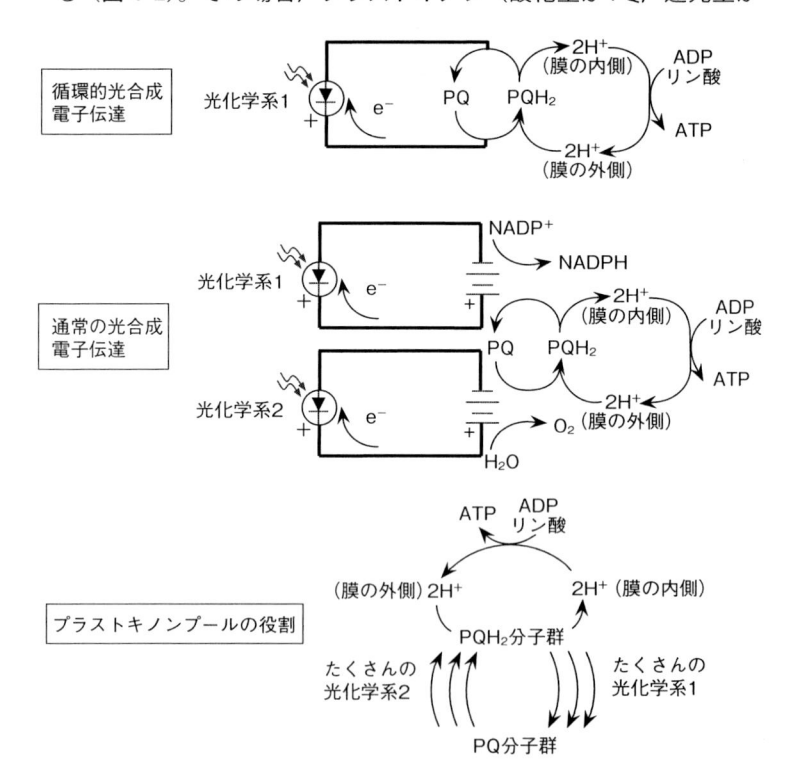

### 図 4・2　光合成の電子伝達サイクル

　上から順に，循環的光合成電子伝達と通常の光合成電子伝達．三番目は，プラストキノンプールを中心とした形に酸化還元サイクルを書き換えたもの。なお，プラストキノンの酸化還元に伴って，チラコイド膜の外側から内側に向かって水素イオンが運ばれる。これが ATP 合成酵素を駆動することによって ATP 合成が行われる（4・3 節参照）。

PQH$_2$）が間を取りもつ形になる。実は，光化学系 1 と 2 の量は，完全には同じではなく，特定の光化学系 1 と 2 がセットになっているわけでもない。PQ プールと呼ばれるプラストキノン分子の集団が，チラコイド膜の中に漂っていて，それを介して，光化学系 1 と光化学系 2 の反応が連絡しているのである。光化学系 1 と光化学系 2 では，利用する光の波長も少し違い，反応の速度も完全には同じではないので，量比が 1：1 でなくてもよい。実際の光合成においては，光化学系 1 と光化学系 2 の比率は最適になるように調節されている。さらに，光化学系 1 だけで電子が循環する経路も存在する。この場合，ATP を作ることはできるが，NADPH や酸素を作ることはない。それでも，この循環的経路と普通の経路が混在して，適当な量の ATP と NADPH を作り出している。だから，PQ プールを中心にして考えると，**図 4・2** の下図のような関係にもなる。

結構大きく，せっかく作った電気の半分くらいに相当する。そのため，実際に使える電圧は約 1.8 ボルトである。光化学系については，**コラム 4-2** を参照のこと。

　これを利用して，水を酸素に酸化することと，NADP$^+$ を NADPH に還元することを行う。従来の解説書（[6, 7, 49] など）では，この過程を線上に並べて書いていて，一方の端で酸素ができ，他方の端で NADPH ができるようになっている（これを **Z スキーム**と呼ぶ）。しかし，意味内容を考えれば，それぞれが電池の電極で起きる反応と見なすことができる。つまり，1.8 ボルトの電源を使って，水の**電気分解**をするのに似ている。水を電気分解すると，酸素と水素になるが，生体内では水素分子を作る代わりに，NADP$^+$ に水素をつけることにより還元して，NADPH を作っている。水の電気分解には約 0.8 ボルトあればよいが，今の場合には約 1.1 ボルト必要である。しかしまだ 0.7 ボルト分余っている。これを利用して ATP の合成（**図 3・6**）も行われ，これによって自由エネルギーの保存ができる。さきに，ATP は ADP

になりたがる傾向があると書いたが，ここでは，その傾向を打ち消すだけの強い電気の力が働いて，ADPからATPを作り出すのである。めぐりめぐむサイクルは，共役したサイクルのどちらに，より強い駆動力（のちに「不均一性」と呼ぶ：**12・4節**）があるのかによって，回り方が変わることもあるのである。

　こうして，ATPの合成によって自由エネルギーの保存ができる。ATP合成酵素については，**4・3節**で述べる。なお，**第13章**では，光合成をエントロピーの観点から再度検討する。

### 電気を生みだす呼吸

　ミトコンドリアの「**呼吸鎖**」では，今の電気分解の部分とはちょうど逆のことが起きる（[7]など）。今度はちょっとだけ名称が変わり，NADPHではなく**NADH**が登場する（**3・2節**参照）。NADHが酸化されることにより水素を失って$NAD^+$になり，同時に酸素が還元されて水になる。これらがそれぞれ二つの電極上で起きると，それを結ぶ導線には電流が流れる。実際には，導線として，鉄などを含むさまざまなタンパク質がその役目を果たしている。この過程で，ATPが合成される。ヒトのように，光合成をしない普通の動物が自由エネルギーを獲得するのは，ほとんどすべて，このような方法によっている。言い換えると，ヒトが頭を使うときのエネルギーも，もとをたどれば太陽のエネルギーなのである。

### つながる光合成と呼吸

　ここでは簡単のため，有機物とNADPHやNADHの間の変換過程は書かれていないが，光合成の場合には，カルビン回路（**図3・7**）がこの役割を担っている。呼吸の場合には，解糖系とクエン酸回路（**図3・5**）が，有機物からNADHの生成を行っている。同時に，光合成では二酸化炭素が吸収され，呼吸では放出される。

こうして光合成と呼吸を見ると，途中の酸素と二酸化炭素，および有機物でつながっていることがわかる。これらの物質はある程度の量が蓄積しているので，光合成と呼吸の一方が止まっても他方がすぐに止まることはない。しかし，長期的には両者は同時に動いている必要があり，これをさして共役と呼ぶことにしたい。「**共役**」というのはあまり日常では使わない言葉であるが，二つの事柄が密接に結びついていて，一方が起きるともう一方も起き，逆に，一方が止まると他方も止まる，というような関係にあることを指している。

大気中に現在約21%存在する酸素は，約5800年の**平均滞在時間**をもつと推定される [79]。動物，微生物，そして植物自身も，夜間には呼吸して酸素を消費しているが，それが光合成で補われることによって，大気中の酸素は入れ替わっている。今発生した酸素が大気中に放出されると，5800年かかって再び海水中や生物体などに吸収される。この時間は人生に比べれば長いが，地球の歴史の時間としてはかなり短い。原始地球の大気にはほとんど酸素が存在しなかったが，少しずつ酸素濃度が上がって，現在の濃度になったと考えられている（**10・1節**）。光合成の能力はきわめて高いのである。

### 行く川の流れ

**図4・1**を見ると，すべての過程で物質は循環している。最終的な収支としては，流入するのが光エネルギーで，出て行くのは熱と，運動によってなされる仕事である。この図は，生命の本質をよく表している。生命は，究極的には，宇宙のエネルギーが拡がるときに生ずる過渡的な現象である。鴨長明は方丈記 [90] の冒頭で，次のように述べている。「行く川の流れは絶えずして，しかも本の水にあらず。よどみに浮ぶうたかたは，かつ消えかつ結びて久しくとどまることなし。」これは，まさに生命にあてはまる言葉である。

## 4・2　多様なエネルギー獲得戦略
### 地球を食べる

　光合成には，酸素を発生しないタイプもあり，**光合成細菌**と呼ばれる赤褐色や緑色の細胞が，それを行っている。その場合には，水の代わりにイオウ化合物などの酸化と，二酸化炭素からの有機物の合成を行う。また，光合成と好気呼吸だけが，生物のエネルギー獲得源というわけでもない。微生物の中には，**化学合成**と呼ばれる方法で生存しているものがある。光合成や呼吸が酸化還元のサイクルであるのと同様に，化学合成でも，酸化と還元の反応が行われている。ただし，使われている酸化剤は，好気呼吸で使われる酸素ではなく，硫酸イオンや硝酸イオンである。還元剤としては有機物も使われるが，2価の鉄イオンや硫化水素，アンモニアなどを使う生物もある。これらの酸化剤や還元剤のかなりの部分は，上に述べた植物・藻類や動物などから生みだされたもの，つまり，元来は，太陽のめぐみの一部である。

　しかし，ごく一部の微生物は，太陽には依存していない。たとえば，深海底から吹き出す**熱水噴気孔**というものがあり，数百気圧の水圧のもと，100℃以上の海水の中で，噴気孔から出てくるイオウ化合物などを利用して生きている細菌がある。こうした生物が生きている源は，地球の成分である。おそらく太古の地球で生命が誕生したときにも，このように「地球を食べる」ことによって，生命が成り立っていたのではないかと考えられる。地球の内部は非常に高温で，物質は熱分解されて，還元剤と酸化剤が生まれているためである。そうなると，その源泉は地球という天体の成立にさかのぼることになる。太陽の光も，重水素の**核融合**によるエネルギーに由来するので，生命が利用するエネルギーといっても，そのすべてが，宇宙のエネルギーに起因していることになる。

　生命世界で二酸化炭素を還元することができるのは，ほとんど，光合成の炭酸固定反応に限られていて，それはすべてルビスコ（**3・2節**）と呼ばれる酵素に依存している。しかし，**メタン産生菌**の中には，二酸化炭素を水素に

よって還元して，メタンを作るものがある．実際，水素が利用できれば，生物が行う代謝の仕方も大きく変わる．光合成によって酸素が大量に生みだされてしまった以上，水素が存在できる場所は地中に限られる．水素は地球内部で，非生物的にも，また，生物からも作られる．地中には，水素を還元剤として呼吸する「あべこべ生物」がいるわけである．水素を大気にもつ星ならば，こういう生物が繁栄しているかもしれない．

### エネルギーのまとめ

エネルギーの話の全体をまとめることにする．光合成と呼吸は，地球全体として考えると，バランスがとれていて [65, 66, 67, 78, 79]，共役している．その際，二酸化炭素と糖，酸素と水，$NAD^+$ と $NADH$，$NADPH^+$ と $NADP$，$ATP$ と $ADP$ など，すべての物質は循環している．それに対し，光エネルギーは流入するだけである．地球の温度はほぼ一定に保たれているので，流入するエネルギーはすべて最終的には排出されている [38, 50, 54, 62, 63]．それは熱（赤外線）の形をとる．別の見方をすれば，光を熱に変換する過程で，物質の循環が起き，それによって生命が成り立っているということになる．

では太陽の光がこなくなったら…？ 当然，生き物は生きてゆけないが，それは何十億年も先の話である．心配には及ばない．

こうしたエネルギー利用系全体を見たとき，どの場合にも，一方に過剰な還元力や酸化力があって，それを中和するようにサイクルが回り，サイクルとサイクルが共役している．つまり，この場合にも，酸化還元の「**不均一性**」がサイクルをまわす原動力となっている．

## 4・3 めぐる動き

生物が示す**運動**には，いろいろなものがあり，動物は**筋肉**によって，体を移動させることができる．筋肉は，**アクチン**と**ミオシン**という2種類の繊維が交互に集まって束を作り，その中で，ATPの加水分解をしながらアクチ

ン繊維とミオシン繊維が互いにずれることにより，収縮が起きる [1, 2, 5, 7]。筋肉は確かに高度に組織化された運動装置であるが，その原型は，植物や菌類を含めてどんな真核細胞にもあり，細胞の中で，ミトコンドリアやその他の小さな顆粒を移動させるときや，アメーバのように偽足を出したり引っ込めたりして移動する場合などに働いている。運動系のしくみには，アクチン・ミオシン系の他，**微小管**を使うべん毛・繊毛運動などもある [2, 5, 7]。

### アクトミオシンの運動サイクル

アクチンタンパク質は球状タンパク質だが，たくさんの分子が集まって，繊維状になっている（**図4・3**）。ミオシンタンパク質も，たくさんの分子が集まって繊維を作っているが，ところどころから，分子の端（頭部と呼ぶ）が飛び出していて，それがアクチン繊維に向かって伸びている（**図4・3**）。

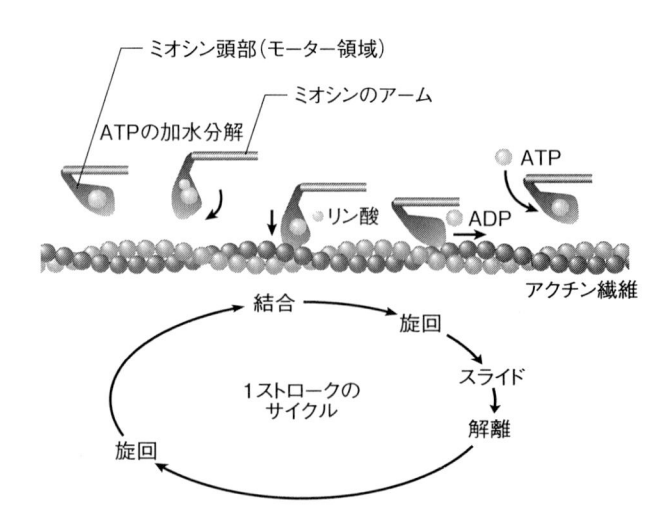

**図4・3　アクチン・ミオシン系の運動サイクル**
　上の図は，アクチン繊維上でミオシン分子の頭部が移動するようすを表した模式図で，ATPが不可逆的にADPとリン酸に分解されることを示している。下には，反応の各ステップで作られる1サイクルを示した（[2] より改変）。

ATP を結合したミオシン頭部は，ATP の加水分解を伴いながら，先端を旋回して向きを変え，アクチン繊維に結合する。その後，ADP とリン酸が離れるときに，頭部が旋回して，アクチン繊維との間で動きが生ずる。動き終えると，ミオシン頭部はアクチン繊維から離れ，ATP を結合する。これで 1 サイクルが完了し，それに伴って，1 ストローク分だけ，スライド運動が起きたことになる [2, 3, 5]。

### 藻類の旋回運動

「めぐる」運動の例として，**べん毛運動**もある。同じ名前でも，細菌のべん毛は，くねくねとしたS字形の堅い棒状のもので，それを細胞膜に取り付けている付け根の部分が文字通り回転することにより，細胞は推進力を得ている。べん毛をもつ真核生物の場合は，べん毛自体が回転しているわけではないが，べん毛のむち打ち運動によって泳ぐことができる。**クラミドモナス**という緑藻細胞は，2本のべん毛を巧みに使って，自分自身旋回しながら泳いでいる（**図 4·4**）。そのとき，ATP が多量に分解されて ADP になる。あま

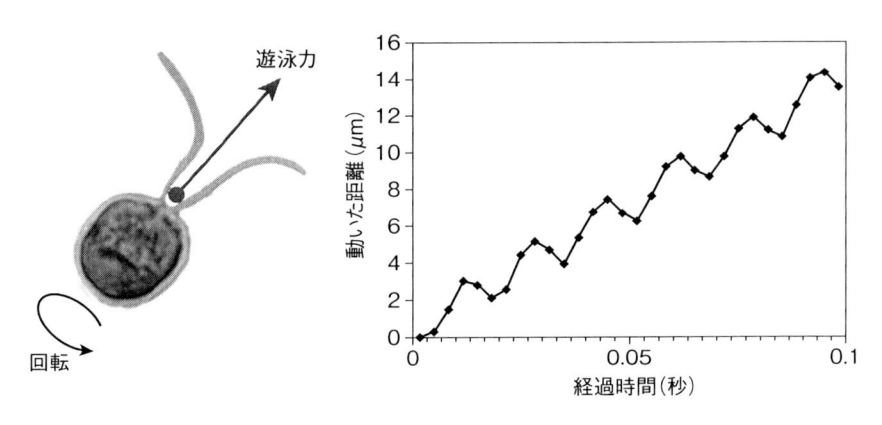

**図 4·4　クラミドモナスの細胞と泳ぎ方**
　　左は，クラミドモナスの細胞。長径 10 μm，太さ 8 μm くらい。なお，1 μm は 1 mm の 1000 分の 1．この写真では，斜めになっているために長さが違って見えるが，べん毛の長さは等しい。右は，クラミドモナスの細胞の進み方（筆者データ）。

り知られていないことだが，高速度カメラを使って撮影すると，クラミドモナスの細胞は前に大きく進んだあと，べん毛を戻す間，少し後退し，そしてまたべん毛を大きく動かして前進するというように，「3歩進んで2歩下がる」のである。その際，細胞体本体は旋回運動をしている。おそらく多くの生物にとって，旋回は前進運動のために本質的であって，自身が旋回せずに前進できるのは，四つ足動物やひれを使う魚などである。水の中の生物の動きの比較については，文献 [12] に詳しい。

### 回るATP合成酵素

上記とは逆に，回転力をATPの合成に結びつけるミクロな装置がある。ミトコンドリアや葉緑体では，ATPを合成する際に**ATP合成酵素**を使っている。近年，詳しい分子構造がわかってきて，酵素の働き方についても詳しいことが解明されてきた（[2, 5, 7] など）。それによると，この酵素がATP

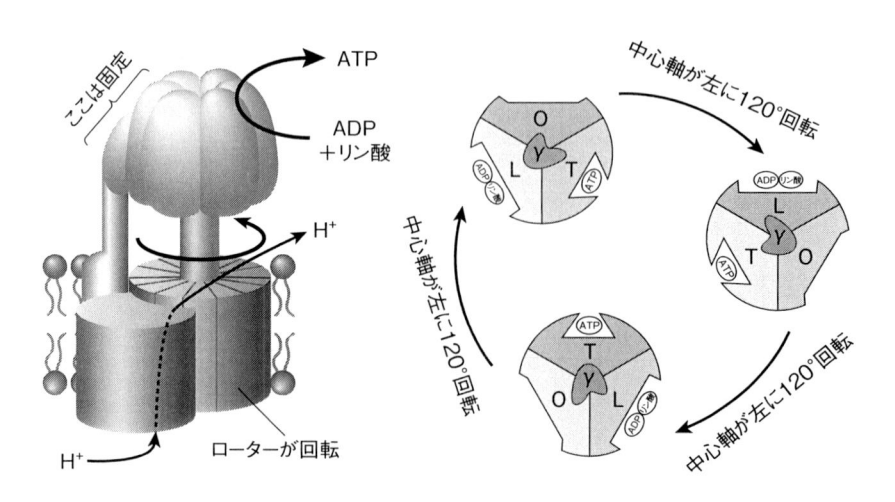

**図4・5　ATP合成酵素の模式図と合成のしくみ**
ATP合成酵素は軸が回転することによって3組の活性部位が構造を順次変えながらATPを合成する。勘違いしやすいが，回転するのは中心軸であり，左の図の上部に花のように見える部分は左側の棒によって固定されている。O, L, Tはユニットが順にとる状態を示している（筆者原案による東大生命科学DVDより改変）。

## 4・3 めぐる動き

を合成するときには，中心の軸が回転している（図4・5）。

　こうしたATP合成酵素の回転モデルは，1980年代にボイヤー（P. D. Boyer）が，詳細な実験に基づいて考え出したものである（[6]に解説がある）。その後1997年になり，1分子蛍光観察法により，実際に回転が証明された。ここで一番大事な点は，ただ単に回転するというだけではなく，分子の回転運動がATPの合成という化学反応と共役していて，機械的な運動が化学的エネルギーに変換されていることである。ATP合成酵素については，4・1節で述べた呼吸鎖のことから説明する必要がある。

　呼吸鎖は電池回路のようなものだと述べたが，その電気が通る道筋は，膜の中に埋まった酸化還元物質で構成され，電子が流れるときに，**水素イオン**を膜の一方の側から他方の側に運ぶ。電子を受け渡す物質がミトコンドリアの膜内に並んでいて，さながらバケツリレーのようにして次々と電子を受け渡していくのである。そのときに，ちょっとくせのある運び手がいて，電子をもらうときには必ず膜の一方の側から水素イオンをもらってセットにし，電子を次の人に渡すときには要らなくなった水素イオンを膜の反対の側に出すのである。そうすると水素イオンも，伝わった電子の数だけ，膜の片側から反対の側に運ばれることになる。実際には**Qサイクル**と呼ばれるもっと効率的なしくみがあり，この二倍の水素イオンを輸送している。

　こうして，膜内を電子が伝えられることによって，膜の表裏の間で水素イオンの濃度の差ができる。言い換えると，膜の一方の側が酸性に，他方の側が塩基性になる。膜の片側にためられた水素イオンは，ATP合成酵素の根元の部分を通って膜の反対側に抜けてゆこうとする（**図4・5左**）。ここのところのしくみはまだ完全にはわかっていないが，おそらく水素イオンが通る道筋がらせん状になっていて，水素イオンが通ることによって，ATP合成酵素のローター部分が回転するようになっているらしい。こうして，ローターが回転すると，それにつながった軸（γ: ガンマと呼ぶ）が回転する。この軸は，ATP合成酵素の上部の頭の部分に差し込まれていて，スイッチのよ

うな役割を果たす。ATP 合成酵素の頭の部分は，3 組のユニットが 3 回回転対称な形を作っている（図 4・5 右）。中心軸の回転角度によって，それぞれのユニットの状態が変化するようになっている。このため，3 組のユニットがそれぞれ，ADP とリン酸を結合した状態（L 状態），ATP にした状態（T 状態），ATP を離した状態（O 状態），の 3 種類の状態を順番にとり，いわば，リーダーの笛にあわせて動く器械体操のように，順に状態を変化させるということによって，全体として，1 回転する間に 3 分子の ATP が合成される。水素イオンの移動と ATP 合成は，光合成の電子伝達にも組み入れられている（図 4・1，図 4・2）。

**本当にエネルギー通貨？**

ATP は**生体エネルギー通貨**として，教科書によく書かれているが [2, 7 など]，実際にはどんなエネルギーにでも変換できるわけではなく，その多くは運動への変換である。ATP を使う運動として代表的なのは，筋肉の収縮である。逆に ATP を合成するのは，上に述べた回転運動である。もともと，ATP が生体エネルギー通貨と呼ばれることになったのも，代謝系と筋肉運動との橋渡しをすることからである。ATP を使ってできることには，大きく分けて 4 通りある。第一は，代謝物質やタンパク質にリン酸を結合させる反応，第二は，筋肉の収縮，原形質流動，べん毛運動などの運動である。第三は，DNA や RNA などの高分子核酸の合成であり（実際には ATP の A の代わりに，G，C，T などを含む類似物質も使われる），第四は，情報スイッチとしての役割である。最後のものは，ATP の仲間の物質である GTP によることが多い。

これらの共通性として，ATP やその仲間の物質が運動と関連していると考えると，多くのことが理解できるように思われる。第一の場合のうちで，「基質レベルのリン酸化」だけが運動に直接関係しないようだが，これについては，今後の研究を待ちたい。

以上，第3章と第4章を通じて，細胞の中にあるさまざまなサイクルを見てきた。細胞の中では，物質の代謝経路がサイクルを作っており，さらにそれぞれの代謝サイクルが互いに共役していて，全体として一つの複雑な物質とエネルギーの流れを実現している。これには「めぐる」ことと「めぐむ」ことの両方が含まれている。細胞の中には，「めぐりめぐむ」代謝がある。

# 第 5 章

# サイクルと流れが織りなす発生と形態形成

　生物には，一つの細胞だけで体ができている単細胞生物の他に，たくさんの細胞が集まってできている多細胞生物がある。多細胞生物は，ただ単に，一つ一つの細胞が集まった塊ではない。それぞれの細胞が何らかの形で分業することによって，多細胞体が成り立っている。本章では，多細胞体を造りあげるためのしくみを，大づかみに説明し，ここでは，めぐりめぐむ作用から構造がわき上がることを述べる。

## 5・1　多細胞化への道程

　ふつうに生物というと，目に見える大きさの生き物を指すことが多く，普段の暮らしの中で，人間の体が小さな細胞からできあがっているという実感はない。一番簡単に細胞を見ることができるのは，卵(たまご)であろう。ニワトリの卵も，イクラ（鮭の卵だが，ロシア語で卵の意味）や数の子（にしんの卵），たらこ（たらの卵）など，さまざまな魚の卵も，それぞれが1個の細胞である。しかし，こうした卵は目で見える大きさの細胞なのに，体を作っているふつうの細胞は，どうして顕微鏡を使わないと見えないくらい小さいのだろうか。

### 受精卵の分裂

　卵(らん)というのは特別な細胞で，染色体を半分しかもっていない（一倍体）。それでいて，脂肪分などたくさんの栄養分をため込んでいて，色もついてい

5・1 多細胞化への道程

ることが多い．食べておいしく，栄養があるのもそのためである．卵に**精子**が入り込んで**受精**が起きると，受精卵は続けざまに細胞分裂を繰り返して，小さな細胞の塊になる（**図 5・1** ①）．その過程で，それまでにため込んだ栄養分を使う．最初から小さな卵細胞と精子が合体・受精して，それから，栄養を摂取しながら細胞分裂をしていってもよいように思うが，両性の配偶子が見かけ上ほとんど同じ「同型配偶」というしくみは，クラミドモナスなど

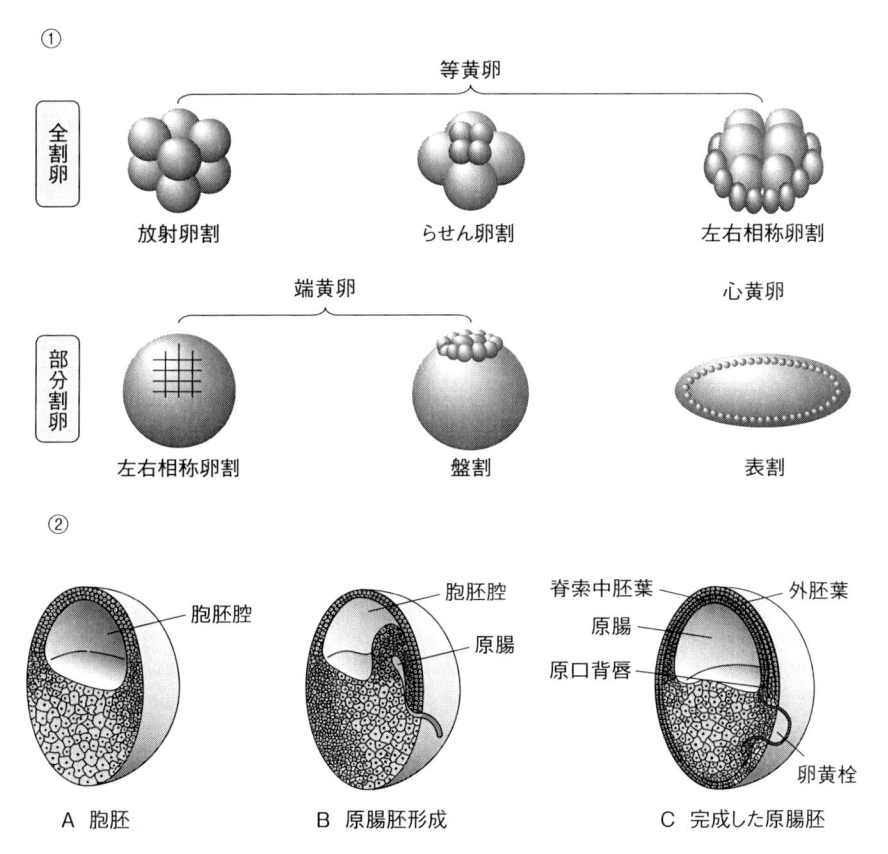

①
全割卵
等黄卵
放射卵割　らせん卵割　左右相称卵割

部分割卵
端黄卵　　　　　　　　心黄卵
左右相称卵割　盤割　　表割

②
A　胞胚　（胞胚腔）
B　原腸胚形成　（胞胚腔，原腸）
C　完成した原腸胚　（脊索中胚葉，外胚葉，原腸，原口背唇，卵黄栓）

**図 5・1**　①動物の受精卵の卵割様式，②カエルの胞胚と原腸陥入
（それぞれ，東大 LS-EDI と [5] 旧版より）

一部の藻類などでしか見られない（これに対して，精子と卵のように，両配偶子が明確に異なる場合を異型配偶と呼ぶ）。動物の受精卵は，大量に栄養分をため込んだ巨大な細胞であり，それが短い時間にたちまち千個以上の小さな細胞の集団に変わる。これは，**卵割**と呼ばれる細胞分裂の特別な形であるが，DNA合成と細胞の分裂をひたすら繰り返すという点で，一般の細胞分裂とは異なっている。

　ウニやカエルなどの胚発生の過程では（**図5・1 ②**），この先，**胞胚**（ほうはい）と呼ばれる，細胞の集まりでできた風船のようなものができ，さらに，一部分が内部に陥入して，原腸が作られる（このあたりの詳細は，動物種ごとに異なるので，別の書物を参照のこと [2, 3, 5]）。

　これに対して，**被子植物**の場合は，卵細胞は，花の付け根にある**胚珠**（はいしゅ）の中にある**胚嚢**（はいのう）内に大切にしまわれていて，珠孔から入り込んだ**花粉管**から放出された精細胞によって受精が行われる。この場合には，卵細胞が形成される過程で形成された中央細胞（一倍体の極核を2個もつ）に栄養分がためられていて，もう1個の精細胞との受精により三倍体の内乳（発達して胚乳になる）ができる。二つの受精が起きるので，**重複受精**と呼ばれる。イネのように胚乳が大きく発達する種子では，胚乳が発芽時の栄養を供給する。

　植物では卵割という言葉は使わない。胚発生の最初では，細胞が4個縦に並び，その後，先端の細胞が複雑に分裂して，ハート形になってゆく。**胚発生**という意味では動植物共通であるが，その過程はだいぶ違う。

**多細胞原核生物**

　**単細胞生物**が**多細胞生物**になることについて考えたい。生物進化の歴史では，はじめに単細胞の細菌が現れ，次に単細胞の真核生物が現れ，やがて多細胞真核生物が出現したと考えられている（**10・1節**）。しかし，細菌の仲間にも，多数の細胞がつながってできているものは多い。放線菌と呼ばれる細菌では，長くつらなった細胞列の一部の細胞が胞子になる（**図5・2**）。シア

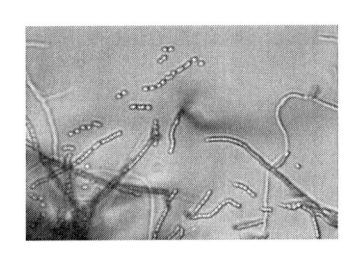

**図 5・2　放線菌の一種（*Streptomyces* 属）の顕微鏡写真**
（アメリカ政府研究所で撮影され，Wikipediaに投稿された公共画像より）

ノバクテリアと呼ばれる光合成をする細菌では，つながった細胞列の中に約10細胞ごとに窒素固定をする特別な細胞（ヘテロシスト）が作られる（図7・4）。さらに3次元的な構造体を作る細菌もある。

### 粘菌生活

真核生物でも変わったものがある。**真正粘菌**（変形菌とも呼ぶ）は多核体である。台所の流しなどに見られる，黄色でべたっとして少し生臭いのが粘菌である。自然界では，枯れ木などの表面に生えている。昔，南方熊楠が研究したことでも有名である。粘菌は，すべてがひとつながりになった一つの細胞でできている（図5・3）。細胞分裂をするときに，核は分裂するが細胞体は分裂しないため，このような多核の**変形体**になる。栄養があるときには，このようにしてどんどんふえて拡がってゆくが，もしも栄養がなくなると減数分裂が起き，さらに一つ一つの核が細胞体に包まれた小さな細胞に分割され，黒色の**胞子嚢**が形成される。こうした特徴は，多細胞化の少し違った姿ということができる。多核体では，多数の核が，一つのつながった細胞質に埋まっていて，すべての核が同じタイミングで同調的に分裂する。そのために，大きく拡がった変形体全体の中で情報伝達が行われている。また，**原形質流動**が見られることも特徴である。

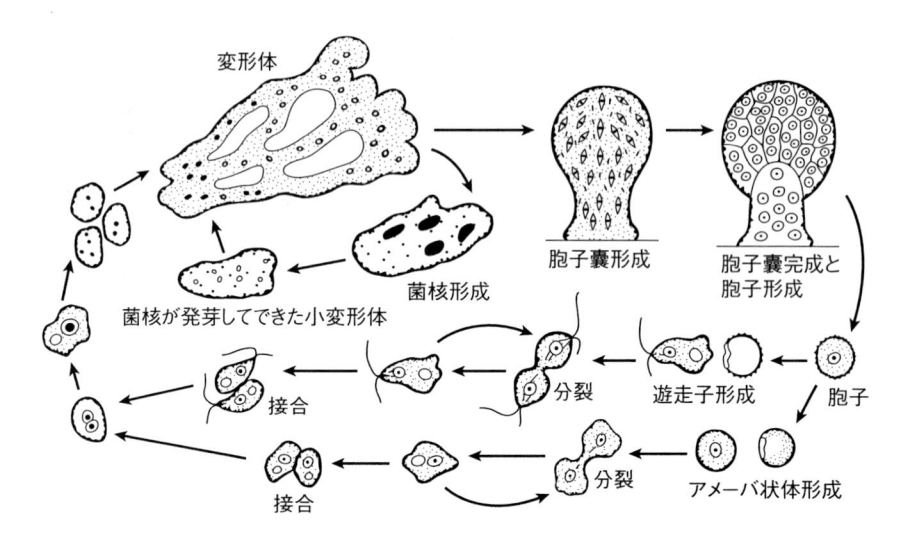

**図 5・3　真正粘菌の生活環**
（[5] より）

名前は似ているが，少し違うものに**細胞性粘菌**がある（**図 5・4**）。ふだんは一つ一つの細胞が，アメーバとして存在していて，動き回っている。ところが，栄養がなくなると，細胞が集まってきて盛り上がり，ついには小さなキノコ（**子実体**）を作る。できた子実体には胞子ができる。

### 有利な多細胞化

ここに述べたような生物は，単細胞生物が**多細胞化**する過程の姿を反映していると考えることもできる。ただしこれは，現実にこうした生物がもとになって，私たち人間のような多細胞生物ができたという意味ではない。多細胞化は進化のいろいろなところで起きた。多細胞化すると，細胞1個ではなしえないことができる。細胞性粘菌の場合，子実体のように，地面から立ち上がることにより，胞子を効率よくまき散らすことができる。真正粘菌の場合，非常に広い範囲を自分の領分とすることで，臨機応変に栄養分の多いと

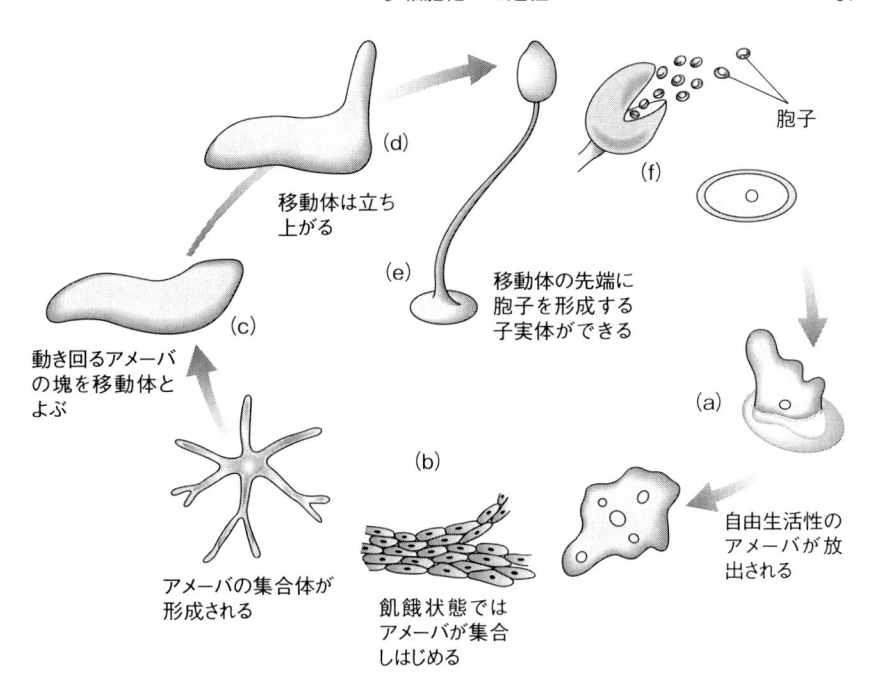

**図 5・4 細胞性粘菌の生活環**
〔[5] より改変〕

ころに移動してゆくことができる。シアノバクテリアでは，2種類の細胞が分業することにより，光合成と窒素固定を両立させることができる。ヒトなどの動物の場合にも，体を大きくすることにより，遠くの情報を得やすくなり，また，歩いたり走ったりという高速移動が可能になり，さらに，手足を動かして大きな力を発揮できるなどの物理的なメリットがある。そればかりでなく，いろいろな器官や組織が分かれていて，それぞれの細胞が分業することによって，体全体としての複雑な機能を実現している。多細胞化のメリットは，主に体の大型化と細胞の分業としてまとめられる。

逆に不利な点は，たくさんの細胞で一つの個体を作るので，次世代を作る効率が低くなることである。大腸菌であれば，1個の細胞が分裂して2個になり，さらに4個，8個，などと猛烈な勢いで増えてゆくことができる。こ

れに対して多細胞体の場合，ヒトであれば，1個の受精卵が60兆個の細胞になっても，依然として1個の個体であり，全体から見るとごくわずかな数の**生殖細胞**からしか，次世代はできず，しかも有性生殖なので，配偶者を見つけなければ，次世代を残すことができない。それでも地球の歴史の中で，多細胞生物が繁栄するようになった理由としては，単細胞生物が利用できなかった空間や資源を，多細胞化によって，利用できるようになったことが考えられる。単細胞の藻類と比べて，陸上に進出した植物は，陸上に降り注ぐ強い太陽光を十分に利用できるようになったばかりでなく，葉を広げて効率よく光を利用する。これも多細胞化のおかげということができる。

## 5・2 超細胞構造の温故知新

では，単細胞と多細胞の中間的な状態はないのだろうか。ここに紹介する**超細胞構造**は，もともと単細胞の生物がたくさん寄り集まることで，一時的な構造を形成するというものである。温故知新とは，昔の中国の言葉で，古い知識をよみがえらせて新たに活用することを指す。さて，どんな古い知識だろうか。

### 生物対流

この言葉を使っているわけではないが，同様の内容は，古くは**ネーゲリ**（C. Nägeli）が，1860年にその論文集 [29] の中で詳しく述べている。クラミドモナスという緑藻が，2本のべん毛を巧みに動かして前方に泳いでゆくことは前に述べた（**図4・4**）。クラミドモナスは**光走性**（フォトタキシス：走光性ともいう）をもち，光に向かって集まる性質がある。また，重力から遠ざかる方向に移動する傾向（負の**重力走性**）がある。通常，光は上から来るので，細胞は容器の中で，培地の表面に集まる。ところが，細胞は培地よりも密度（比重）が少し大きいので，たくさんの細胞が水面に集まると，重いものが軽いものの上にのっていることになる。細胞がたくさん集積すると，このア

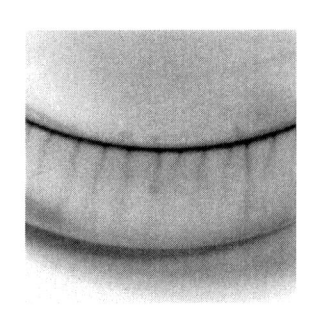

**図5·5 フラスコに入れたクラミドモナスの培養液に見られる生物対流**
すじ状に見えるところで細胞の下向きの流れができている（筆者原図）。

ンバランスが著しくなり，ある限度を越えると，逆転が起きる。逆転は全水面で起きるわけではなく，細胞の落下は，たまたまはじめに落ち始めたところに集中するので，ところどころにすじ状になって細胞の落下が起きる。ほかのところでは，泳いでいる細胞が依然として上向きに泳いでいるので，全体として細胞の流れができる（**図5·5**）。細胞の流ればかりでなく，培地も流れ始める。これが**生物対流**である。対流というと，お湯を沸かすときの対流（**図11·5**）がすぐに思い浮かぶが，この生物対流では，温度差ではなく，細胞の光走性と重力の拮抗関係がもとになって，細胞の流れが生ずる。

この場合，細胞は一時的に集まるにしても，別々に行動している。しかし，全体としてすじ状の**パターン**ができる。たったこれだけのものではあるが，こうしたパターン形成は，**秩序形成**の一種と見なすことができ，多細胞化の一段階と考えることもできる。個々の細胞にとってのメリットは，培地が対流することにより，養分が効率的に利用できるようになることと，個々の細胞が受ける光の強さが平均化されることであるが，さらに研究が必要である。

### 渦巻きもできる

超細胞構造の例は文献 [9, 12] にも詳しいが，ほかにネーゲリ [29] が記載しているものとして，ユレモの仲間（シアノバクテリア）のバイオフィルム形成や渦巻き形成がある（**図5·6**）。ユレモは細胞が多数連なったフィラメ

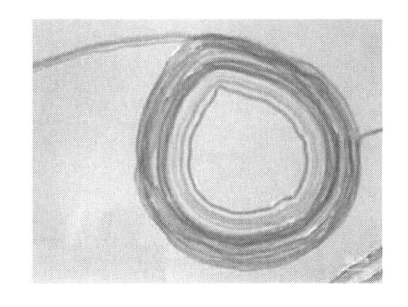

**図 5・6 寒天培地上にできたユレモの一種（シアノバクテリア）が作る渦巻き**
（筆者原図）

ント状になっていて，そのフィラメントが，細胞列の方向に前進したり後退したりを繰り返す。運動速度は，べん毛をもたない細胞としてはかなり速く，1秒間に 2 μm（マイクロメートルは 1 mm の 1,000 分の 1）くらいである。また，運動方向の転換が起きる頻度はさまざまで，5 ないし 10 分間に一度くらいである。長いフィラメントのそれぞれの細胞が分裂するので，だんだん長くなってゆく。動きながら長くなってゆくが，そのうち渦巻き状になってゆく。最終的に安定な渦巻きになる理由は依然として謎であるが，渦巻きが一つの安定状態であることの説明はできる。長いフィラメントでは，部分ごとに運動は同じではないため，まっすぐになっていると，所々で引っ張り合いやたるみが起きる。これに対し，渦を巻いていると，途中でたるみができる余裕があるので，運動方向や運動速度が部分的に違っていても，全体として渦を巻いたままでいられる。そのため，一度渦巻きができれば，そのまま細胞が成長し，フィラメントが伸びながら運動を続けることができる。

　超細胞構造の形成には，細胞が運動することと，多数の細胞が集まることが必須であるが，それに加えて，細胞の運動を制約する外力が加わることが条件である。細胞が集まって外力と拮抗している過程で，秩序構造形成が起きる。通常の**熱対流**（**図 11・5**）でも，熱の流れと重力が拮抗するので，基本的にはよく似ている。

## 5・3　細胞を集合させるシグナル

　先にも述べた**細胞性粘菌**は，栄養源が枯渇すると，細胞が集まり，**子実体**という小さなキノコのようなもののなかに胞子を作る。胞子は栄養のない条件でも長く保存でき，暑さ寒さや乾燥にも耐えることができる。つまり，細胞性粘菌は，十分に栄養があるところでは，盛んに細胞が分裂して増殖し，栄養が無くなると胞子として休眠状態に入り，再び増殖に好都合な条件がくるのを待つ，というサイクルを繰り返している。

### サイクリック AMP

　胞子を作るのは，さまざまな微生物でもみられるが，細胞性粘菌で特別なのは，胞子を作る際に，たくさんの細胞が集合して立体的な構造物を作り上げるという点である。細胞が集まるときには，「みんな集まれ」という情報をお互いに発信しながら，どんどん集まってゆく。その情報の実体は一種のホルモンで，**サイクリック AMP**(cAMP)と呼ばれる物質である。この物質は，私たちの体の細胞の中にもあって，細胞の外からきた情報を核に伝える役割をしていることがわかっている([2, 7]など)。しかし，細胞性粘菌の場合には，この物質を細胞の外に分泌し，ほかの細胞がそれを受け取ると，さらにたくさんの cAMP を作って分泌する，というように，細胞外で働いている [47]。入力シグナルを増幅して出力することによって，さらに強めることを，「**正のフィードバック**」と呼ぶ。フィードというのは食べ物を食べさせること，バックは後に戻ることなので，出力をもう一度入力に入れ直すことにより情報を増幅することを意味する。これに対して，「**負のフィードバック**」は，出力をマイナスに変えて入力に戻すので，シグナルが消滅することを意味する。これは，代謝系や身体の恒常性のように，常に一定の状態を保つときに働く制御のしくみである（[88] など）。

## 強め合うシグナル

　細胞と細胞の間での正のフィードバックにより，cAMPがどんどん合成され，分泌されてゆくと，各細胞は，cAMPがより多く存在するところに向かって移動を始める．少しでもcAMPがたくさんある場所ができると，そこにほかの細胞が引きつけられ，その場所でさらにcAMPを分泌するので，cAMP濃度はどんどん高くなってゆき，ほかの細胞が次々に集まってくる．こうして細胞の集合が起きる．しかしここで，ちょっと意地悪なことを考えてみよう．細胞がきれいにまばらに存在していて，それぞれが同じ量のcAMPを分泌したとする．そうすると，細胞が存在するところどこでもcAMPの濃度は同じなので，とくに濃度が高いところがない．細胞はcAMP濃度の高いところに向かって移動するのだが，濃度が一定であれば移動しない．するとcAMPの濃度は全体で少しずつ上昇していっても，濃度の勾配ができず，細胞が集まることがない．これは本当だろうか．

　これはよくある笑い話と似ている．馬の大好物であるニンジンを左右等距離のところにぶら下げておくと，馬はどちらも食べたいのだが，どちらを食べてよいか選ぶことができず，おなかをすかせてしまうというものである．現実にはそんなことはなく，馬は適当に気に入った方から食べ始めるはずである．細胞性粘菌の細胞は，何も刺激がなくてもランダムにいろいろな方向に動いては戻り，ということを繰り返していて，静止しているということはない．したがって，いくらcAMP濃度が均一であっても，どちらかに必ず移動し，その結果，cAMP濃度は不均一化する．


## 支え合う細胞

　細胞が集まるパターンは時々刻々変化してゆく．あたかも細胞の集団全体が一つの生き物であるかのような状況になる．そして，最終的には一つの子実体を形成し，多細胞生物のようになる．多細胞生物は，単に細胞が集まっているだけではなく，それぞれの細胞が機能分化して，互いに他を助け合う．

子実体の場合，全部の細胞が胞子になるわけではない（これは細胞性粘菌の種類にもよる）。子実体の根元の部分（柄(え)）を作る細胞は，上部の細胞をもち上げる支えの役割を果たすだけで，胞子になるのは，上部の細胞である。細胞の立場で言うと，胞子という形で将来に命をつなぐことができるのは上部の細胞だけで，柄の細胞は，自分の子孫を残せない。柄の細胞は胞子を遠くにまき散らすための補助として役立っていて，結果として，細胞性粘菌という自分の種(しゅ)を繁栄させる礎(いしずえ)となっている。これは「めぐむ」作用である。こうした点で，細胞性粘菌は**多細胞体制**の一番原始的な形を表していると考えられている。

## 5・4　多細胞生物も1個の受精卵から
**受精卵はコロンブスの卵**

　これに対し，本当の**多細胞生物**はだいぶ違う。私たちヒトを含め，ふつうの多細胞生物は，最初，1個の**受精卵**から始まり，**卵割**という細胞分裂の繰り返しの結果，多数の細胞からなる細胞塊（胚という）を作ることは前に述べた（**5・1節**）。**胚**は，同じ性質の細胞が集まったものではなく，胚の中の場所によって，それぞれ異なる性質をもった細胞集団に分かれている。それぞれの細胞集団の分類は，胚の発生が進むにつれて，より詳しく細かくなってゆき，最終的には器官や組織となってゆく。もとは単一の細胞が，このように異なる性質をもつ細胞集団の集まりに変わってゆく過程は，胚発生のなかでもとくに不思議な点で，分化と呼ばれている。分化がどうして自然に起きるのかは，長年の謎であったが，近年の新しい研究技術によって，次第にそのしくみがわかり始めている（[2, 3, 5] など）。

　まず第一にわかったことは，最初の受精卵が，そもそも均一なものではないということであった。それでは話の前提が違うのだが，現実には，発生学者はみな最初から気づいていた。カエルの卵をみたときに色素が含まれていて黒く見える側と白っぽい側があり，それぞれを**動物極**と**植物極**と呼ぶこと

からもわかる。ともかく，卵は均一ではない。均一と思わせておきながら実は均一ではない受精卵は，常識に挑戦したコロンブスの卵と言ってもよいかもしれない。

### 精子も参加する発生過程

さらにおもしろいことがある。受精卵において，精子が結合し，精子核が内部に進入するときの位置が，その後の胚の向きを決めるのである。卵は大きく，ほぼきれいな球形をしているので，精子が結合する場所は決まっていない。しかしカエルの卵では，一度精子が結合すると，動物極と植物極を結ぶ中心軸に対して，精子が結合した場所の反対の側が将来の背側になる。これがどのくらいの範囲の生物に当てはまるのかわからないが，発生途中の胚の前後，左右，背腹という三つの軸を決定するしくみが，一部は卵ができた最初から，あとは受精の際に，それぞれ決まるということはおもしろい。すべて最初から決まっているのではなく，受精の方向という偶然的な要素にゆだねられていることによって，同じ卵からできる受精卵，胚の性質が一義的には決まっていないことを意味する。もちろん個々の卵は，卵形成の過程で起きる染色体の乗換えと，それに続く減数分裂によって，遺伝的に異なるものになっているが（2・3節），卵がもつもう一つの性質，つまりこれから発生してゆく際の栄養源や必要な**母性因子**（卵に含まれる物質で，受精後の卵割の過程で機能を発揮するものの総称）を供給する点に関しては，多少の違いはあろう。しかし，精子が受精卵に，遺伝的とは別の多様性を与える点が意義深い。つまり発生過程は，卵だけの異方性で決まるのではなく，精子も少しだけ参加している。

### 母の教えを活かす

すでに言葉を出したが，母性因子もまた卵の中で不均一に分布している。これは，いわば「母の教え」である。受精卵が分裂するときには，卵黄や母

性因子に関して同じではない細胞ができてくる．もっとも，卵割のどの段階から細胞が非対称・不均一になるのかは，考える必要がある．はじめの2回の分裂は，動物極と植物極を結ぶ軸を含む互いに直交する平面で起きるので，卵黄は同じように分配されるが，次の赤道方向の分裂により，卵黄を多く含む植物極側4個の細胞と，卵黄の少ない動物極側の4個の細胞になる．しかし体の背腹軸を決める問題に関しては，最初に精子が結合した場所に対する関係になるので，最初の2回の卵割でも非対称になる．

**ショウジョウバエ**で考えられている前後軸（頭と尾の向き）の決定のしくみでは，**ビコイド**と**ナノス**という2種類の母性因子が，はじめから卵のなかで非対称な分布をしており，卵割が進むにつれて，これらの因子をたくさんもつ細胞とそうでない細胞ができてくる（図5・7）．母性因子の実体は，遺伝子発現を調節するタンパク質のmRNA（メッセンジャーRNA）やタンパク質などであると考えられている．一般的な細胞の中では，mRNAはタンパク質を作るための遺伝情報をもっていて，用が済むとすぐに分解される．ところが，卵は特別で，最初に卵が作られるときに，母性因子のmRNAが特別な形で保存される．一般にはmRNAはリボソームに結合してタンパク質合成（翻訳）に利用されるが，卵の中のmRNAは，RNA結合タンパク質と結合し，翻訳に利用されない状態になっている．このまま保存され，受精が起きてから，再びふつうのmRNAのように，翻訳に利用できる形になる．こうして，発生中の胚の内部に制御タンパク質の濃度勾配ができ，ビコイドの多い側が将来の頭，ナノスの多い側が将来の尾となる．生物ごとに母性因子の種類や分布のようすは異なるにしても，不均等分布ということ自体は，共通のテーマである．

ひとたび2種類の制御タンパク質の**濃度勾配**ができると，両者の濃度比によって決められる胚の中の特定の場所で，さらに別の遺伝子（ギャップ遺伝子，ペアルール遺伝子など）の発現が引き起こされる．胚の中で，前後軸に沿って，帯状に特定の制御タンパク質が作られ，縞模様ができる．全体とし

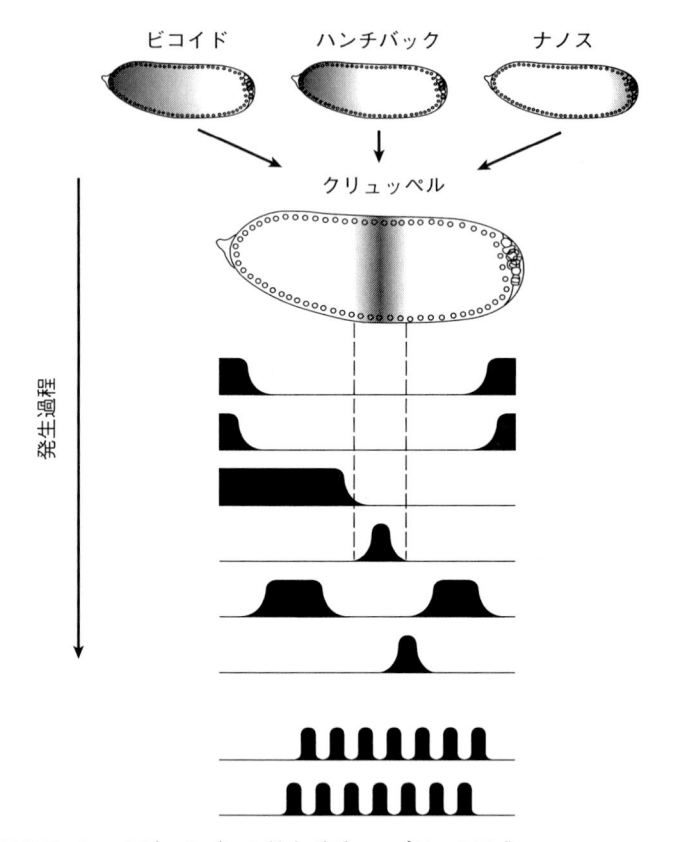

**図5・7 ショウジョウバエの基本ボディープランの形成**
ショウジョウバエ胚では，ビコイドやナノスの濃度勾配により，前後方向が決められる．その後，順次，いろいろな因子が上に示すような局在化をすることにより，ボディープランが決められてゆく（[5] より改変）．

て頭からしっぽまで，制御タンパク質の存在によって 14 の縞模様ができるが，これが最終的に昆虫の**体節構造**を作り上げる．昆虫は節足動物の仲間で，頭，胸，腹，の区別をもつ．胸には三つ，腹には八つの節がある．この体節の区別が，制御タンパク質の縞模様状の分布パターンによって指定される．遺伝子操作によってこれらの制御因子パターンを人為的に変えてやると，本来の体節の定義付けが変わって，触角が足になるというようなことが起きる．

ちなみに触角は頭に特徴的な器官で，足は胸のそれぞれの節に一対ずつ存在する。体節の定義づけが変わるこうした異常は，**ホメオティック変異**と呼ばれている。これを支配する遺伝子群には共通した部分構造が認められ，**ホメオボックス遺伝子**と呼ばれている。このようにして，体を作り上げるプランが，いくつかの制御タンパク質が作るパターンによって決められている，ということが知られるようになった。

## 5·5 「わきあがる」パターン形成と「めぐる」細胞

この節では，**パターン形成**の一般論について述べる。

### 反応拡散モデル

パターン形成を説明するモデル [38, 40] としては，**反応拡散モデル**がある（**図 5·8** ①）。非常に単純化した系として，何らかの反応を促進する物質 A

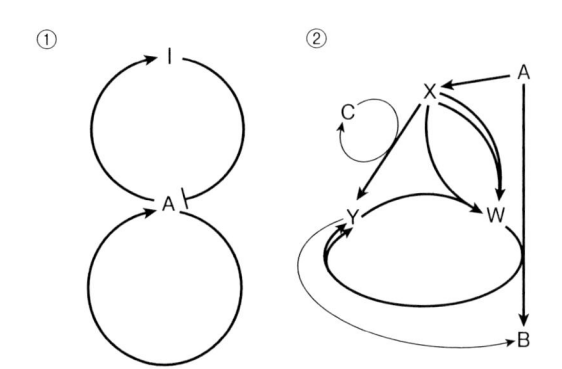

**図 5·8 反応拡散系の化学反応モデル**
①は本文で説明している単純な反応拡散系のモデル。A は自分自身を増やすことができると同時に阻害剤 I も作る。I は A の作用を阻害する。I の拡散が A よりも速いと，**図 5·9** のようなパターンができる。②はチューリングが論文 [48] で計算しているモデル。C は酵素と考える。A が豊富にあり，分解して B になる。A からは X, Y, W などができるが，最後には B になる。反応の駆動力は A の自由エネルギーである。ここで，Y について考えると，X により消費されて W になる一方で，X から作り出される。また，X の存在下で Y は W を経由して倍加する。Y の方が X よりも拡散が速いとき，**図 5·10** のようなパターンができる。

(activator) と，その反応を阻害する物質 I (inhibitor) を含む反応系を考える。AはA自身に働きかけて，Aの作用を増強するか，あるいはAの量を増幅する。IはAの働きを阻害する。AはIの働きを増強するか，あるいはIの量を増幅する。このような関係にあるとき，AとIの濃度がそれぞれ適当な範囲にあると，反応系は振動する（AやIの濃度が時間的に増減する）。さらに，AとIが溶液中を拡散してゆくとき，Iの拡散速度が大きいと，空間的なパターンが形成される。全体にAがあるとして，AがあればIができる。そうするとAが少なくなるのだが，Iの方が拡散しやすいので，その阻害作用は少し離れたところで働く。つまり，Aの濃度が高くなった中心では，Aが自分で強め合う一方で，生成したIは離れていくので，いつまでもAが多い。そのまわりでは，Iが多くなり，Aが少なくなる。そのまた向こうでは，最初のAのピークから放出されてくるIが届かないので，再びAの多いところができる。ということの繰り返しによって，Aの濃度の縞模様や水玉模様ができる。

図 5・9 に示すのは，もう少し複雑な化学反応系が作るパターンである。塩素酸塩を酸化剤，マロン酸を還元剤として酸化還元反応をする際に，酸化的な領域と還元的な領域ができる。酸化的な領域をヨウ素の発色によって検出している。

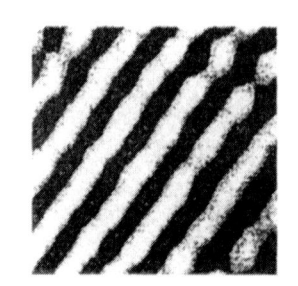

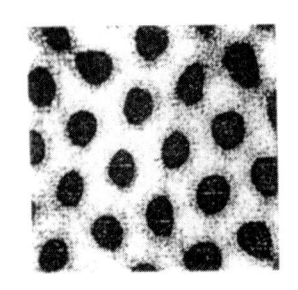

**図 5・9　塩素酸塩 - ヨウ化物イオン - マロン酸系における空間パターン**
チューリング・パターンの一例として示す（[40]: 第1章3の図4より）。

## チューリングの先見

こうしたモデルはきわめて一般的なもので，1952年に数学者の**チューリング**（A. M. Turing）が発表した**反応拡散モデル** [48] がもとになっている。論文では，生物のパターン形成に合わせた詳しい計算をしているので，紹介しておきたい。チューリングは数学者でありながら，生物学や化学の知識も使って，生物の形態形成のしくみが，簡単な数学モデルで記述できることを示した。図5・8②にモデル図があるが，解糖系からクエン酸回路に至るまで（3・2節，図3・5）と似ている。実際，チューリング自身，図中のAはグルコースのような代謝基質と述べていた。原論文が書かれた当時は，**コンピュータシミュレーション**の黎明期で，20個の細胞がリング状に並んだケースについて，計算を行っている。もともと均一である細胞リングから，3回回転対称や4回回転対称が出現する（図5・10）。

さらに，細胞が球面状に並んだ胞胚のようなものを考えて，同様の計算を行ったところ，自然と中心軸が生まれて回転対称になったという。これは，胞胚から原腸陥入（5・1節，図5・1② 発生については，文献 [3] を参照）が起きるときの状況を表していると述べている。また植物の花の対称性についても，同じように理解できると考えた。最近では，魚の柄模様の解釈にも，**チューリングモデル**が使われている [40]。

現実の細胞の中の分子間相互作用や細胞間相互作用は，こうしたモデルをさらに複雑にしたものになっている。ただし，**フィードバック**があれば必ず振動したり集合したりするわけではなく，適当な条件が整うことが必要である。そうでなければ，**定常状態**になるか，**発散**する。シグナル伝達や発生過程における分化などでは，発散を積極的に利用する場合もあるが，代謝など多くの場合には，めったに発散することはなく，定常状態や振動は生命現象のあらゆる場面に登場する。言い換えれば，パターン形成や振動は，生命の「めぐる」性質と「めぐむ」性質が作り上げた「わきあがる作用」である。

パターン形成は，生物現象と無生物現象の理解の橋渡しをする現象である。

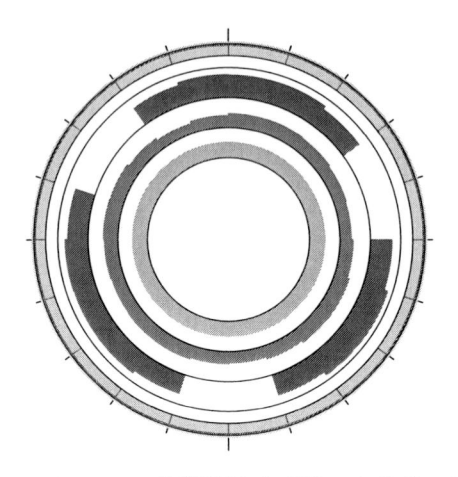

**図 5・10　チューリングが計算した環状 20 細胞系における
パターン形成**
一番外側のリングに細胞の境目を示す。内側の三つのリング上のグラフは，成分 Y の濃度を示す。内側から，濃度が等しい最初の状態，しばらくして濃度差が目立ち始めた状態，最終的な定常状態を示す。最終状態ではほぼ 3 回回転対称になっていることがわかる。[48] の表 1 に基づいて筆者作図。

　チューリング・パターンをいくら作ってみても生物ができるわけではないが，生物が示す現象の中には，チューリング・パターンで理解できるものが見られる。**第12章**以降で述べるように，生命現象には**不均一性**がつきものである。不均一性は，別の階層の不均一性から生まれる。わきあがるというのがもっともふさわしい。パターンは一種の不均一性の表れであるが，これを作る原動力は，代謝である。ある物質が不可逆的に消費されることで反応サイクルがまわり，その結果として，空間的・時間的パターンが生ずる。原動力を生む化学物質が平衡になればパターンもなくなる。不均一性がサイクルを作り，それによって別の不均一性が生まれる。

# 第 6 章

# 体の中でめぐる循環系と
# シグナル伝達系

　動物や植物など，大型の多細胞生物には，体液を循環するしくみがある．哺乳類のように完全な血液循環系をもつものもあれば，昆虫のような開放血管系をもつものもある．植物にも道管と師管があって，水や栄養分，あるいはホルモン様物質を移動させている．人体の血液循環ならば，誰でも知っていることかも知れないが，ここでは，人体の働きを詳しく述べるのではなく，それらを「めぐりめぐむ」の観点から見直してみたい．

## 6・1　身体と循環

### 血液循環

　**血液循環**（図 6・1）の考え方は，人類の知識の歴史の中では意外と新しく，1628 年に**ハーヴェー**（W. Harvey）が提唱したものである [15]．一般に知られている血液循環の役割は，①肺を通った血液が空気中の**酸素**を受け取り，それを末梢まで運んでゆくこと，②末梢で生じた**二酸化炭素**を肺まで運んで呼気中に捨てること，の 2 点であろう．酸素を運ぶのは，赤血球の中に含まれる**ヘモグロビン**という鉄含有タンパク質で，鉄分を摂らないと貧血になるのはこのためである．一方で二酸化炭素は，末梢では血液に溶解し，肺では呼気へと放出される．血液の pH（酸性・塩基性を測る単位で，ペーハーまたはピーエイチと読み，中性なら 7，酸性では 7 以下，塩基性では 7 以上となる）は，末梢と肺では微妙に違っていて，末梢の pH の方が低い（少し酸性に偏っている）．低い pH では，ヘモグロビンが酸素を放出しやすくなる

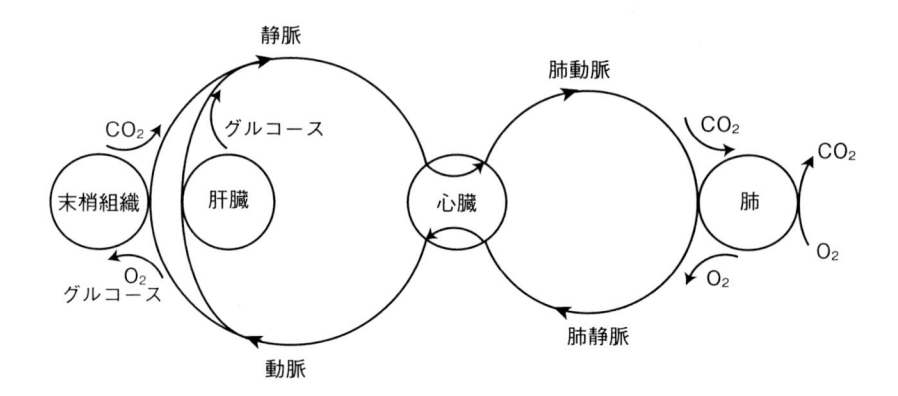

**図6・1 血液循環の概念図**
本当は他の臓器も重要な機能があるが，ここでは
「めぐりめぐむ」という働きの基本だけを示した。

性質（ボーア効果）があるため，末梢での酸素放出が促進される。このように，血液の循環は，末梢組織に対して，細胞呼吸のための酸素を供給し，末梢からの二酸化炭素の排出を助ける作用がある。言い換えると，末梢では呼吸が酸素と二酸化炭素のサイクルを作り，そのサイクルが，血液循環のサイクルによって，肺における酸素と二酸化炭素交換のサイクルに結びつけられている。こうした結びつきは「共役」（**4・1節**）あるいは「めぐむ」作用である。「めぐる」ことと「めぐむ」ことは密接に関係して，身体のさまざまな過程を動かしている。

ちなみに，血液循環は非常に速い。大人の身体には約5リットルの血液があるが，それが約1分間で循環している。言い換えると，**心臓**から1分間に送り出される血液量（心拍出量）は約5リットルである。5リットルというのは家庭にある普通のバケツの半分であるので，かなり速い。大循環では，血液はそれぞれの臓器に分かれて流れてゆくので，肝臓には毎分約1.5リットル，腎臓には毎分約1リットル，脳にも毎分0.8リットル流れている。**図6・1**では明示していないが，血液の一部は，心臓にも毎分約0.2リットルが

分配されて，心臓の運動を支えている。

### たくさんある循環の意義

血液循環の意義は，酸素と二酸化炭素の運搬だけではない。食べた炭水化物を分解して作った**グルコース**は，**血糖**として肝臓から血液中に送り込まれ，身体の他の組織では，このグルコースを栄養源として呼吸を行っている。送り元は異なるが，呼吸に必要なグルコースと酸素がともに血液中を運ばれていって，末梢の細胞に供給され，末梢にあるさまざまな細胞の生命を維持している。末梢には，**脳**の神経細胞も含まれる。脳は，安静時でも，一日に120グラムのグルコースを消費するので，常に豊富な血糖と酸素の供給がなければならない。「頭のめぐり」を支えるのは，「血のめぐり」なのである。

さらに血液は実に多くの物質を運んでいる。**ホルモン**と呼ばれる体の制御物質は，それを作っている器官から血流中に放出され，標的器官に到達するとその器官の働きを変化させる。昔は，ホルモンという言葉にきわめて厳密な定義があったが，今では，古典的なホルモンの定義に合わないさまざまな制御因子（成長因子など）が知られ，離れた細胞間だけでなく，自身の細胞に対して働きかけるものもある。けがをしたときに傷口が治るのは，成長因子が傷口に集結して，まわりの細胞の増殖を促すためである。他にもよく知られたホルモンがある。男性ホルモンや女性ホルモンと呼ばれる一群のステロイドである。これらのホルモンも，それぞれ精巣や卵巣などで作られ，血液とともに体中に運ばれていって，体のさまざまな働きを調節する。最近では，脳でも性ホルモンが合成され，脳の働きに重要な役割を果たすという研究がある。

### 身体をめぐるもう一つのネットワーク

身体をめぐるものは血液に限らない。体中に張り巡らされたもう一つのネットワークが**神経系**である。現在盛んに脳の研究が進められているが，果

たして解析的な手法で，記憶や思考などが理解できるのだろうか。脳は複雑な構造からできている（[2, 3, 5] など参照）。後脳と中脳からなる**脳幹**は，生存を支える基本的な部分である。**大脳皮質**は，ヒトで著しく発達した部分である。中でも新皮質は，いろいろな部分に区分されていて，それぞれの部分が異なる情報処理を果たすことがわかっている。感覚野は，それぞれの感覚を処理する一次感覚野と，さらに複雑な処理をする部分から成っている。さらに，運動制御を行う運動野，記憶，思考，情報統合などを行う連合野などがある。

**神経細胞**（ニューロン）は，細長い細胞で，膜を介したイオン濃度の勾配を保っており，それによって，常に外部に対して，内部をマイナスの電位に

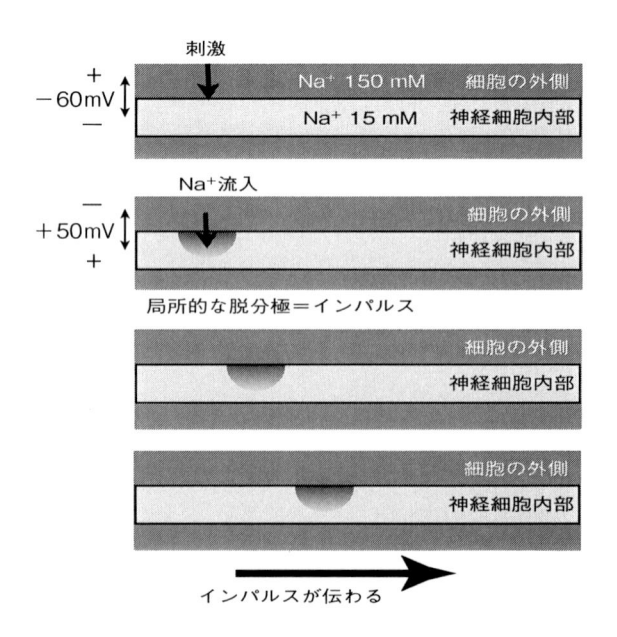

**図 6·2　神経細胞の細胞膜の内外でのイオン濃度差の維持と，刺激による脱分極によるインパルスの伝達を表す模式図**
　　上から下に向かって，時間的な経過を示す。

## 6・1 身体と循環

保っている（**図6・2**）。信号がくると，外部からナトリウムイオンの流入が起きて，その部分のイオンのバランスが変わり，**脱分極**と呼ばれる現象が起きる。この部分では，内部の電位がプラスになる。神経の情報伝達では，この脱分極状態が，神経を伝わってゆく。一度脱分極した部分は，すぐに元に戻り，しばらく反応しない状態になる。サッカーのスタジアムで，応援のために行われる人の波（ウェーブ）とよく似ている。しばしば，神経は電気が伝わると思われているが，電線のように電気が流れるわけではなく，あくまでも短い信号（**インパルス**）だけが移動している。

それぞれのニューロンは，たくさんのニューロンとの間でシナプスによって結ばれていることにより，情報伝達のネットワークを作っている。記憶はその中のどこに存在しているのだろうか。**記憶**には，数分間ですぐに消えてしまう短期記憶と，長期にわたって繰り返し反復されることにより定着し，半永久的に保存される長期記憶とがある。前者は，シナプス可塑性という，神経伝達効率の調節によって成り立つ。後者には，**海馬**と呼ばれる脳の部分が関わっているが，実際に記憶されている場所は別のところにあるのだそうである。しかし，その詳しいしくみは未解明の部分が多い。

ニューロンのネットワークでも，循環は重要であるに違いない。私たちの思考を成り立たせているしくみは，まだわからないが，脳が体を動かすしくみなどは，昔からの研究によって比較的よくわかっている。筋肉を動かすためには，運動神経が働いている。しかし，動かすための神経だけだったとしたら，うまく体を動かすことができるだろうか。たとえば，いまこうして，私はワープロのキーをたたいているのだが，正しいキーを適切な強さとリズムでたたくことができるのは，筋肉の運動を支配する神経と，指先の感覚を脳に伝える感覚神経の両者が，同時に働いているからである。つまり神経の働きは双方向ということになる。一方通行の信号の流れでは，何が起きるかわかったものではない。シグナル伝達もサイクルを作っている。

## ネットワークの重なりでできている人間

　ここまでのことを少し違った見方で考えてみたい。単純化すると，ヒトの体には，血液の循環と神経系のネットワークという，2種類の「めぐる」ものがある。言い方を変えると，心臓と脳という二つの中心がある。心臓は自分でペースメーカー機能があって，脳からの刺激がいちいちこなくても，拍動を続けることができる。一方で，脳のうちでも脳幹は自分で活動していて，これによって体全体を**自律神経系**により支配している。自律神経には，**交感神経**と**副交感神経**があって，各臓器の働きを，それぞれが拮抗的に支配していることが多い。交感神経は，心拍数を高めたり，肝臓のグリコーゲン分解の促進により血糖を高めたりする一方，副交感神経はその逆の働きをする。私たちが自分の意志で内臓の働きを変えることができないのは，内蔵が自律神経系支配を受けているためである。

　自律神経は，肺も制御し，自発呼吸を成り立たせている。肺呼吸は，体に酸素を供給し，全身から集められた二酸化炭素を排出する。これらの働きがすべてそろわないと，心臓も肺も脳も，どれとして正常に機能できず，死に至る。ヒトには，何重にもネットワークがあって，常にそれぞれが他を助けながら全体を維持している。そのどれか一つが欠けても，ヒトの生命は維持できない。しかし欠けているものが一つか二つなら，それを機械で補うことによって，システムは働き続ける。これを治療として行う場合には，こうして一時的に機能を補っている間に，本来の体の機能が復活することを期待しているわけである。しかし，回復が期待できるかできないかという判断は難しい。ともかく，人間を成り立たせているのは，<u>多数の互いに依存しあったネットワーク</u>であるので，どれか一つのネットワークだけを見て，生きているかどうかを決めることはできない。「**脳死**」の判定が難しいのは，このためである。

　生命の世界も同じである。たくさんのネットワークが重なり合って働いている。どれかが働かなくなると，他のネットワークも影響を受ける。これが「め

ぐりめぐむ」ことを表している。経済のつながり（**8·4節**）とも，よく似ている。

## 6·2 めぐる植物

### 植物の動き

多くの人々は，植物は動かないし，循環もないと思っている。確かに，植物は根が生えていて，地面の上を歩き回るわけにはいかない。しかし，「動かない」ということはない。**アサガオ**のつる（図6·3）は，左回りにまわりながら伸びてゆき，支柱などにからまってゆく。植物は，常に先端で成長する。根の先端も，茎の先端も同じである。その点でヒトとはずいぶんと違う。ヒトが成長するとき，ヒトの身体は，全体として大きくなるのであって，たとえば，手の先が伸びていくというようなことはない。ほとんどすべての植物の茎の先端は，伸びるときに旋回している。おそらく，茎が伸びるときに，

**図 6·3　アサガオのつるは左巻き**
（筆者原図）

ただ単に棒が進むような形で伸びていくことはできなくて，回転しながらでないと，伸びられないのであろう。障害物があるときなど，自分で旋回運動をしていれば，自然と障害物のまわりを回ることによって避けてゆくことができる。よく，ヒマワリの花が太陽に向いて回転するという誤解があるが，開いたあとの花が回転することはない。しかし，ヒマワリも，茎の先端が回転していることには間違いない。

　植物が示す動きとしては，**食虫植物**の葉の素早い動きが有名である。ハエトリグサの場合，ギザギザの先端をもった2枚の葉の間に虫が入ってきて，感覚毛に接触すると，たちどころに葉が閉じる。そして，消化液が出てきて虫は溶かされてしまう。

　他にもよく知られている運動は，**オジギソウ**の葉の**就眠運動**と接触刺激に対する応答である。オジギソウの葉にさわるとすぐに葉が閉じて，もう少し刺激していると，葉そのものが，付け根から折り曲がるように垂れ下がってしまう。正確には，葉沈という葉の付け根にある組織が，膨圧の変化によって変形するのであるが，これらの場合，葉に与えられた接触刺激が，神経の場合と同様に，インパルス（脱分極）となって伝わり，葉の根元や葉沈の動きを引き起こすのである。いってみれば，神経と基本的に変わらない情報伝達が起きている。どんな植物の細胞でも膜電位は必ずあるので，葉にさわれば植物はそれを感じることができるはずである。問題は，植物が感じたことが，オジギソウのような例を除けば，目に見える形で表現されないことで，そのため，植物は何も感じていないと思われている。音も空気の振動なので，よい音楽を聴かせると，植物も何か感じるのは間違いない。いずれにしても，植物にも，電気信号によるネットワークがある。

## 根粒の損得

　春先に，**レンゲ（ゲンゲ）**の花が咲いているので，きれいだと思って引っこ抜くと，根につぶつぶがついていて，気持ち悪く思ったことのある人もあ

ろう．レンゲに限らず，枝豆（ダイズ）を育てたり，エンドウを育てたときに，根につぶつぶがついているのを目にする．**マメ科**の植物だけに見られることだが，根に**根粒**という粒ができて，この中で**根粒菌**という細菌を飼っているのである（図6・4）．根粒菌は，植物から栄養分をもらうことができ，代わりに空気中の窒素からアンモニアを作ることにより，窒素肥料を植物に与える．こうして，植物と根粒菌はお互いに助け合う「**共生**」という関係にある．

畑で作物を作るときに，何年かごとにマメを育てると，土壌が肥沃になるので，昔は，一つの畑でいろいろな作物を順番に作り，そのローテーションの中に，必ずマメを入れていたのである．いまは，化学肥料があるので，必ずしも，マメを育てる必要はなくなった．しかし，今の時代，少しでも自然に近い農業を目指すということで，**有機農法**が行われている．そうした場合には，根粒をつけるマメ科植物は大切である．田んぼのあいている時期に，レンゲなどを育てるのも同じ理由である．

さてその根粒菌であるが，植物との間で，うまく共生関係を成り立たせる特別なしくみがある（図6・5）．根粒がつきすぎると，植物にとっては負担となり，栄養分を根粒菌に与えるばかりになってしまう．逆に根粒が少なく

**図6・4 ヤハズエンドウの花（左）と根についた根粒（右）**
根粒は，少し細長く，ヘモグロビンの一種を蓄積しているため，うすピンク色をしている（筆者原図）．

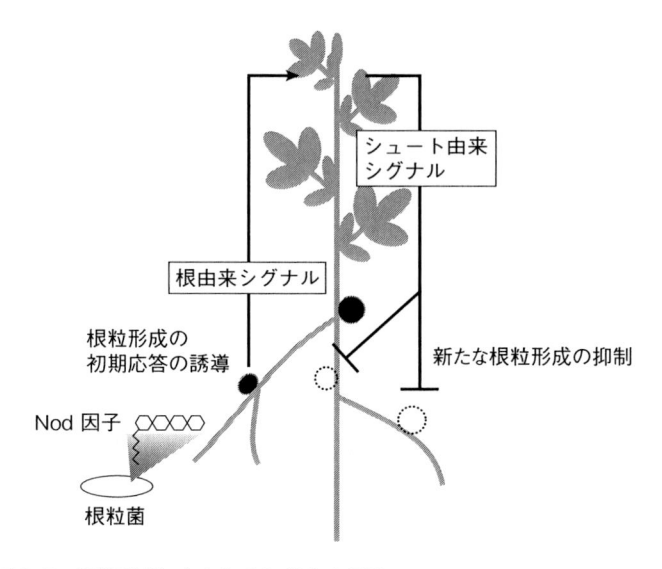

**図 6・5 根粒形成にかかわるシグナル伝達**
　シュートは植物の地上部のことを指す。根粒から出たシグナルが，地上部に達し，逆に葉から出たシグナルが根粒形成を制御する（[18] より）。

ては，窒素源が十分に得られない。根粒がついた根では，**CLE（クレ）ペプチド**という一種のホルモンのようなものが作られ，**維管束（道管）**を通って，茎から葉へと運ばれる。光合成をしているのは葉であるから，光合成で栄養分を作ってくれる葉に対して，根粒が付いていることを知らせるのである。そうすると，今度は根粒を作りすぎないようにというシグナルが，葉から出てくる。これがどういう形の物質なのか，まだはっきりとしないが，その抑制物質がまた，維管束（**師管**）を通って根に運ばれ，根粒が付きすぎないように制御するというのである。

　植物の維管束には，道管と師管があって，それぞれ水分と養分を運ぶ役割をもち，液の流れは，多くの場合，互いに逆向きである。道管は，死んだ細胞の細胞壁がつながってできていて，道管での水の流れは，根から茎，葉の先端に向かっている。葉の蒸散によって，根から水を吸い上げる力を得てい

る。師管の方は，アミノ酸や糖を含んだ液が，光合成をしている葉から根に向かって移動してゆくが，一部は茎の先端にも運ばれ，茎の先端成長の栄養源となっている。植物の根と葉の間には，体液を介したネットワークができている。

### 花咲かじじいの秘密道具

最近発見された「花成ホルモン」は葉で作られるタンパク質で，師管を伝わって茎の先端に運ばれ，そこで分裂している未分化細胞（原基）の運命を変える。つまり，これまでは葉の細胞が作られていたのを，花の細胞が作られるように変えるのである。花が咲くのには適当な日長が必要で，長日植物は昼間の時間が長くなると花芽をつけ，短日植物は夜が長くなると花芽をつける。昼夜の長さの認識のしくみは，光周性と呼ばれ（**2・2節**），昼と夜の長さを感じるのは葉である。

昔の研究者は，接ぎ木実験をしてこれを証明した。つまり，適当な日長で育てた植物の茎を切って，本来，花が咲かない条件で育てた植物の上部を，接ぎ木した。そうすると，上部に継がれた茎の先端が，花を咲かせるシグナルを受け取り，花芽が作られたのである。昔，「花成ホルモン」と呼ばれた物質は，普通のホルモンとはまったく違うため，長らく発見されなかったが，最近の研究で，ようやくFTと呼ばれるタンパク質であることが，主に日本人研究者の研究でわかった（**図6・6**）。いうなれば，枯れ木に花を咲かせるという花咲かじじいの秘密道具である。もっとも，FTを植物体に降りかけても花が咲くわけではなく，これまでにそうした物質は知られていない。

こうして，植物にも体液の循環とまではいえないが，体液輸送のしくみがあり，それにのって，栄養分だけでなくホルモンも運ばれることがわかってきた。前にも述べたように，電気的に情報を伝えるしくみも，植物にはあるので，動物にあるものと，ある程度似たものが植物にもあることになる。

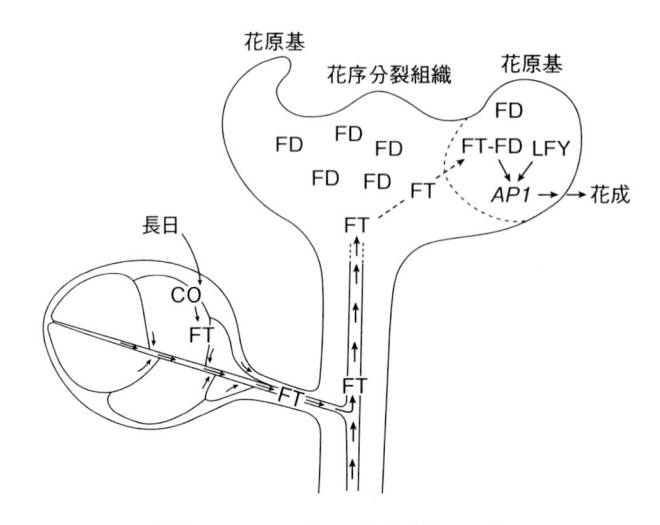

**図 6·6　長日植物シロイヌナズナの花成誘導のしくみ**
長日刺激を受けた葉で作られた FT タンパク質が，師管を通って茎頂分裂組織に達し，そこで花原基を誘導する([8]: 図 8-28 より)。

## 6·3　サイクルは何のため？

　身体の中には体液を循環させるシステムがあることを述べたが，こうしたサイクルは，どうやって駆動され，何のためにあるのだろうか。血液の循環では，心臓がポンプとして働いているが，もっと突き詰めて考えると，ポンプを動かす原動力は何だろうか。心臓を動かすのは筋肉，それを動かすのはATP の分解による自由エネルギー，ATP を作るためには糖の代謝が必要である。糖や酸素は血液が運んでくるので，心臓は自分の動きによって，自分に必要なエネルギー源を獲得していることになる。その意味では，心臓は自己完結的で，身体が外から取り込んだ栄養分と酸素を自ら取り入れて，自分の活動を維持している。しかしこの運動は心臓だけのためにあるわけではなく，身体全体にも栄養分と酸素を供給する働きをしている。その意味では，心臓は自分が必要とする以上のことをしている。

　これは当たり前のようだが，生き物がもつサイクルの本質を表している。

## 6·3 サイクルは何のため？

たとえて言うならば，一人一人が仕事をして給料を稼いで暮らしているのは，その人，一人の人生のためだけではなくて，そのことによって会社の活動が成り立ち，また，消費によって商業が成り立つ。さらに配偶者を得て，子供を育てることにより，次の世代を生みだす。つまり，生命活動はどれ一つとして，それ自体で完結していることはなく，なにか余分のことをして，他のサイクルを動かしている。「めぐり」というのがサイクルであるが，「めぐむ」というのは，こうした周辺のものとの関係を指す。どんな動作にも作動因があり，その動作の結果がある。しかし，問題とする動作がサイクルであると，作動因も結果も，ともに長く続くことができる。こうして，たくさんの作動因や結果のサイクルが，さらに別の作動因と結果の関係としてかみ合うことができ，さらに大きなサイクルを形成することができる。その際に重要なのは，サイクルとサイクルが組み合わさるときには，一方の何かが余分で，それによって他方が動かされる。この「**不均一性**」がサイクルとサイクルをつなぐキーワードである。

# 第7章

# 生態系：めぐりめぐむものと生き物

　これまでは，一つ一つの細胞や生物個体の話であったが，もう少し大きなスケールで考えると，生態系もサイクルである。さまざまな生物が食物連鎖で結びつくことにより，一次生産者から捕食者，分解者を経て，物質は循環している。本章では，地球規模での炭素と窒素の循環を中心として，たくさんの生物が共存・競争することによって成り立つ，めぐりめぐむ生命世界を説明する。

## 7・1　捕食系のサイクル

　地球上にはさまざまな生物がいる。植物や藻類は，**一次生産者**と呼ばれ，光合成により有機物を生産する。これに対して，小さな動物や草食動物は，**捕食者**として，植物や藻類を食べて生きている。さらに**二次捕食者**は，こうした動物をえさとして生きている。こうした生き物が死ぬと，その体は小動物に食べられるほか，**微生物**によって分解される。物質の循環の話は 7・3 節以降で説明するが，まず，単純な系からはじめたい。

　**生態系**におけるえさと捕食者の関係を考えると，これもサイクルを形成し，振動している [39]。ちょっと考えると，えさはすぐに食べ尽くされて，なくなってしまいそうだが，えさが枯渇してくると，完全に食べ尽くされない段階でも，捕食者は十分なえさが得られないため，栄養不足により多くが死んでしまう。そうすると，少しだけ生き残っていたえさが，再び，たくさん増殖する。すると，これまたわずかに生き残っていた捕食者がいれば，増え始める。この繰り返しで，サイクルができる（図 7・1）。もちろん，一度でも，

## 7・1 捕食系のサイクル

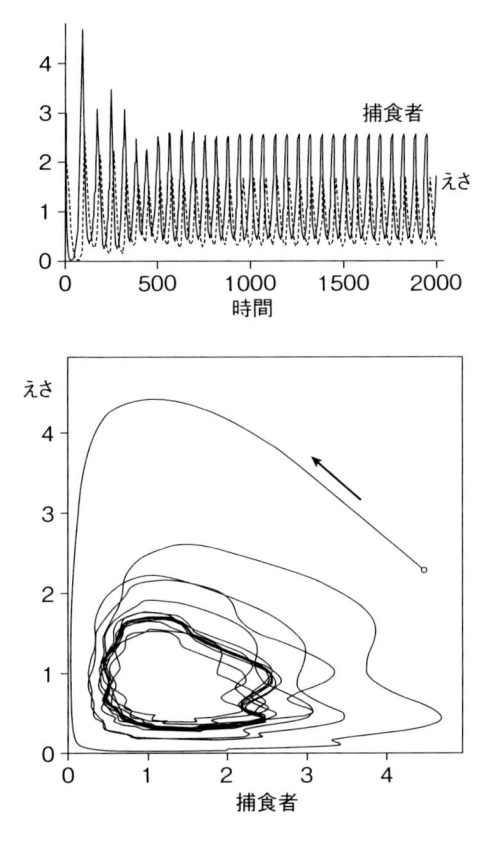

**図 7・1** Lotka-Volterra 型と呼ばれる関係に従うえさと捕食者の数の変動
([39] より)

どちらかの生物が死に絶えてしまえば，そこで，サイクルは終わり，もう一方の生物だけの世界になるか，両者とも消滅する．両者が競合しているときに，えさの生物の側で，食べられにくくなる突然変異を起こせば，えさは相対的にたくさん増えることができるが，さらに捕食者にも新たな変異が現れて，変異したえさをどんどん食べるようになる．こうした繰り返しによって，両者が一緒に進化してゆくと考えられる．

## 7・2 生き物の中の生き物ワールド

生態系は外の世界ばかりではない。私たちの体の中にも生態系はある。体の中でも，血液の中などには，外部から入ってきた細菌などはいない。ちなみに「おしっこ」も，腎臓でできたときには，細菌はいない。しかし「うんち」となると話は違う。うんちの成分は消化されなかった食べ物，とくに食物繊維などと，**腸内細菌**である。腸の中にはいろいろな細菌が住んでいて，場合によって人間の健康を助けてくれている。ただし，名前の知れたビフィズス菌や大腸菌だけが腸の中にいるわけではない。

### メタゲノム

近年，ゲノム解析技術が進み，細菌の集団をまとめて分析し，遺伝子DNAを調べることによって，そこにどんな細菌がどのくらいいるのかを推定できるようになってきた。これは，**メタゲノム解析**と呼ばれる（[16]の中の服部による解説参照）。**ゲノム**というのは，一つの生物がもつ遺伝子全部のことであるが，メタゲノムは，生物集団がもつ遺伝子の全部である。そこに含まれる微生物のすべてが既知ではないはずだが，既知の微生物のどれかには似ていると考えられる。似た生物の遺伝子DNA配列はお互いに似ているため，その類似の度合いをうまく計算してやることによって，どんな種類の生物がどのくらいいるのかという大まかな目安が推定できる。

それによると，腸内の細菌群は，人によってそれぞれ異なる3種類のパターンがあるという。一人の人間についていうと，長い間あまり変わらないらしい。しかし，ミルクを飲んでいる乳児などは，大人とはだいぶ違う。赤ちゃんのうんちは汚くないし，あまり臭くない。普通のものを食べ始めると，普通のうんちになって，腸内細菌も大人のものに似てくる。しかし，変なものを食べたり，胃腸の病気になって下痢をしたりすると，一挙に腸内細菌の種類が変わる。さらに抗生物質を飲んだりすると，また変わる。もっと不思議なのは，病気が治れば腸内細菌も元のように戻るそうなので，どんな細菌が

どのくらい住んでいるということは，体の健康の指標となる。

　細菌がいるのは，腸内ばかりではない。口の中には，歯周病菌をはじめ，たくさんの細菌がいる。これも何かを食べたり，歯を磨いたからといって大きく変わるものではないらしい。他にも皮膚の上や，鼻腔の中，膣の中など，それぞれの細菌叢(そう)があるそうである。しかも，それが比較的一定であるということが不思議なことで，ただ単に，たまたま外界の細菌が住み込んだというものではないらしい。

　これら，普段から住み着いている細菌を**常在菌**という。常在菌の役割について，よく知られた例は，ウシの胃の中に住んでいる細菌である。ウシはたくさん草を食べるが，草の**セルロース**を分解する酵素を，自分では作れない。ところが，胃の中に住んでいる細菌にはこの酵素があり，そのため，食べたものを胃の中でゆっくりと消化する過程で，セルロースも分解して，ウシが吸収できるグルコースに変わるのである。セルロースを栄養にできると，栄養をたくさん確保できるので，きわめて有利である。その他，ウサギの腸内に住む細菌は，ウサギが自分で合成できないビタミンを合成する。ウサギのうんちは丸くてころころしているが，夜に特別なうんちをして，それを自分で食べることにより，ビタミンを摂取するのだそうである（コプロファジーという）。もちろん肉食動物なら，えさの中に，あらゆる必要なビタミンが含まれるので，そういう心配はいらない。人間の腸管に住む細菌のなかにも，役に立つものがあり，日本人の腸管には，海苔(のり)の多糖類を分解する酵素をもつ細菌がいるそうである。

### 寄生虫にも負けず

　肉や魚の切り身の中には，たくさんの**寄生虫**がいる [17]。多くの刺身は，一度冷凍してあるので，寄生虫は死滅している。北海道名物の「るいべ」も，一度凍らせることで寄生虫を防ぐ効果があると言われている。魚を生で食べることでヒトに寄生する代表例が，**アニサキス**と呼ばれる線虫である。また，

アニサキスが作るタンパク質に対しては，アレルギーも知られている。とは言っても，海産魚の中に住んでいる寄生虫が，すべて人体の中で増殖できるわけではないので，あまり心配しすぎてもいけない。一方，肉は，たいてい火を通して食べるので心配ない。そもそも，食べ物を加熱して食べるのは，人間だけである。自然の動物の場合，生で食べた為に，寄生虫に侵されることが大きな問題になるのだろうか。たぶん，危険なえさを食べる習性のある生き物は，生き残っていないはずなので，現存する生物は，何らかのしくみで，危険を回避しているに違いない。おそらく，食べる生物と食べられる生物の性質（体温など）がかなり違うことによって，そのまま寄生虫が住み着くことができないことなどが考えられる。

**植物のサポーター**

常在菌は植物にも住んでいる。植物の葉の表面にいる細菌を**エピファイト**，植物の組織内にいる細菌を**エンドファイト**という。細胞の中にまでいる細菌は，上述の根粒菌（**6・2**節）など，特殊な例を除いて知られていないが，細胞と細胞のすきまに，いろいろな細菌が住んでいる。彼らは植物に有益なのかどうか，あまりはっきりしていないが，研究者は，植物の成長を助ける常在菌を探している。つまり，植物のサポーターである。サラダは生のまま食べるわけだが，そこに含まれる植物の常在菌をそのまま食べていることになる。しかし，これらの細菌は，おそらく腸内で生き延びることは難しいので，あまり気にする必要はない。

これらの例は，生物が単独で生きているということはほとんどなく，大きな生物の中にも小さな生物が住み込んで，互いに無関係なこともあるだろうし，何らかの役に立つこともあるということを意味している。生態系は体の中にもあるのである。

## 7·3　めぐる炭素

　ここからは，生き物を構成する物質の循環を考える．生体物質のうち，炭水化物と脂質は，基本的に炭素（C），酸素（O），水素（H）からできている．括弧内の記号は，元素記号である．**炭水化物**は糖の仲間であるが，窒素（N）やイオウ（S）を含むものもある．細胞の表面の多糖類などに含まれるグルコサミンという糖には窒素が含まれ，ヘパリンなど硫酸化多糖は，やはり細胞表面にある．また，**脂質**にも窒素やイオウやリン（P）を含むものがある．タンパク質はC，O，H，N，Sを含む．**核酸**はかなり複雑であるが，C，O，H，N，Pからなる．ただし，**タンパク質**にも，リン酸が結合することがあり，これをタンパク質のリン酸化と呼ぶ．このほかに，**微量元素**として，鉄，銅，亜鉛，マグネシウム，モリブデン，セレンなどの元素も，機能分子の成分となって，身体に含まれる．このように，身体を作っている元素の種類は多い．

### 千変万化の炭素
（せんぺんばんか）

　まず，**炭素循環**から見てゆくことにする．すでに述べたように，地球上にある炭素は，二酸化炭素を還元する形で，生物に取り込まれる．生物を介した炭素の循環には，光合成と呼吸が重要であるが，それ以外に，地球上での炭素の循環には，**石油**，**石炭**などの埋蔵資源や**石灰岩**も考える必要がある．これらも，もとは生物の作用でできたものだが，現時点では，生物を介した炭素循環からは，事実上外れている．石炭や石油は，それぞれ，過去に地球上に大繁殖した植物（木生シダ類など）や海中で大発生した藻類（珪藻，円石藻など）が，地中で高温高圧のもとで変化してできたものである．

　石灰岩は，炭酸カルシウムでできているので，有機物ではないが，炭素を含む．その一部は，海水中のカルシウムイオンが二酸化炭素と反応して，沈殿したものであるが，石灰岩は，主に，石灰を含む藻類の殻が海底に堆積してできたものである．そのため，石灰岩の中には，化石が含まれることがある．とくに**円石藻**は，光合成で得られるエネルギーを使って，海水中のカル

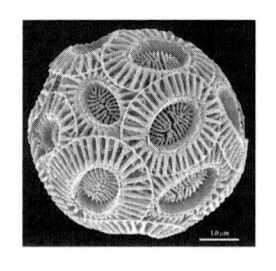

図7・2　円石藻 Emiliania huxleyi の走査型電子顕微鏡像
（写真提供：井上 勲氏）

シウム分と二酸化炭素を集めて結合させ，炭酸カルシウムの殻を作っている（図7・2）。それぞれの種ごとに特徴的な美しい幾何学模様の殻をもつのはとても不思議である。ちなみに貝類の殻も海水中のカルシウム分をもとにできている。石灰岩の分布と石油の分布は，似ているそうである。

### 地球をめぐる炭素

図7・3は，地球上の**炭素循環**を図示したものである。地球上の炭素の大部分は，海洋や海底にある。大気中にあるのは，ごくわずかである。光合成で消費される二酸化炭素と，生物の呼吸で放出される二酸化炭素は，ほぼ均衡している。なお，陸上の真の光合成量はもっと多く，図に示されている値（毎年61.9 Gt）は，植物の呼吸を差し引いた「**純一次生産量**」（NPP：8・3節）である。その他に，人間活動によって放出される，**化石燃料**（石炭，石油）に由来する二酸化炭素5.5 Gtがあるが，地球全体の炭素循環の流れに占める割合はあまり多くない。むしろ，海洋と大気の間でのやりとりが大きい。また，海洋の中でできる炭酸カルシウムや，すでにある炭酸カルシウムから放出される二酸化炭素の量も，膨大な量にのぼる。炭酸カルシウムと二酸化炭素との間には，複雑な平衡関係があって，相互に変化し合うので，海水中のこれらの物質の平衡関係が少し変わるだけでも，大気中の二酸化炭素濃度は大きな影響を受ける。地球の歴史の中では，大気中の二酸化炭素が多い温暖な時期と，大気中の二酸化炭素が少ない寒冷期や氷河期があって，これらが繰り返されてきたと考えられている。

7·3 めぐる炭素

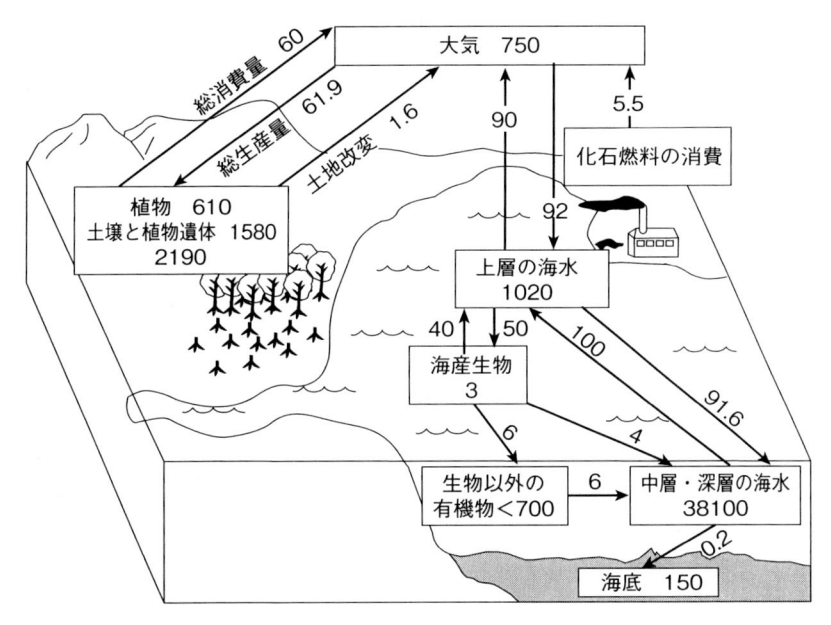

**図7·3　1980～1989年における地球上の炭素循環図**
存在量の単位はGt(ギガトン)，流れの単位はGt年$^{-1}$。[67]に基づく[6]より。なお，文献[67]の注に記すように，原典の一つの論文には，工業化前の炭素循環の図もあり，大気の値は600，海洋からの出入りはともに74となっている。また，出典には，これらの値の変動が大きいことも書かれているので，解釈には注意が必要である。

これだけを見ると，化石燃料の燃焼に伴う，二酸化炭素の大気への放出は，地球上の炭素全体に比べてごくわずかで，それが地球の気候に大きな影響を及ぼすとは到底考えられないように思われる。しかし，**地球シミュレータ**という巨大なコンピュータを使って行われた最近の計算によると，本来の二酸化炭素の平衡に加えて，人工的な二酸化炭素放出が加わると，**正のフィードバック**効果があって，簡単に考える以上の影響がある。つまり，**温暖化**が起こるということである。しかし，その増幅効果がどのくらいなのかは，計算条件の設定の仕方によるので，なかなか明確な推定は難しいようである。地球の気候変動については，太陽活動の変化に加え，**宇宙線**が影響しているという説もあり，これから寒冷化するという人もあるくらいで，現在も盛んに

論争が続いている。

### 米と石油

　ここで，農業のエネルギーコストについて考えてみたい。農業は，太陽エネルギーを利用するので，基本的に「エコ」と思っている人が多い。しかし，現実はそんなに単純ではない。作物を育てて一定量のエネルギーをもつ農産物を収穫した場合，それを生産するのに要した人工的なエネルギー（コスト）がどのくらいか，という計算がされている。その場合，太陽光のエネルギーは含めない。人間の労力や，機械のエネルギーなどの他に，肥料の生産に要するエネルギーなども大きい。

　日本の**稲作**はエネルギーコストが大きく，**生産／投入コスト比**が0.38，つまり，エネルギー的には，赤字と言われたこともある [72]。反(たん)あたり収量が飛躍的に向上した背景には，大量のエネルギー投入があり，言い換えれば，私たちがご飯を食べるとき，実は，石油を食べているということになる。しかし，もっと新しい研究によると，生産／投入コスト比は，1.63〜1.85くらい，有機農法では3.01まで高くなる [73]。なお，玄米だけでなく，稲わらなど，得られるものすべてを利用することを考えれば，この値はもっと高くなる。

　近年，バイオエタノール関連で同様の計算が行われており [74]，エタノール製造だけに特化した場合には，投入エネルギーに比べて生産エネルギーはあまり多くない（生産／投入比1.08）。しかし，稲わらやもみなどもすべて発電にまわせば（コジェネレーション），エタノールの生産自体は半分になるが，電力も含めた生産／投入比は3.46とかなり高くなる。こうした計算結果は，一見コストが見合うような数字となっているが，白米以外を捨てている現状を見れば，決して生産／投入コスト比は楽観できるものではない。農産物自給問題でも，肥料を作るために必要なエネルギーは自給できていないことまで考える必要がある。

## 7・4 窒素もめぐる

**誰かが固定しなければ窒素は使えない**

　生物の体を作る元素のそれぞれについても，地球上での循環の図を描くことができる。窒素は，炭素の場合とはだいぶ違っている。生物が利用する窒素は，もともと大気中の**窒素ガス**からできた**アンモニア**や，それが酸化されてできる**硝酸イオン**に由来する。これらは，雷などによって自然にできることもあるが，基本的には，**窒素固定**という生命活動によって利用可能になっている。窒素固定をする生物はかなり限られていて，一部の窒素固定細菌だけである。

　それらのうち，**根粒菌**は，マメ科植物の根に根粒を作らせ，植物が光合成で得た炭素源をエネルギー源として，空中の窒素からアンモニアを作る。できたアンモニアは植物が利用する（**6・2節**）。根粒はマメ科植物につくが，マメ科植物が出現したのは，化石データと分子系統推定で多少のずれはあるものの，約6,000万年前，つまり，地球の歴史あるいは生命の歴史からみれば，ごく最近である。その前から，根粒菌の先祖は存在したはずだが，果たして窒素固定をしていたのかはわからない。これに対し，それ以前から窒素固定をしていたのが，**シアノバクテリア**の仲間や窒素固定細菌である。窒素固定ができるまでは，生物はどのようにしてアミノ酸や核酸をつくっていたのか，よくわからない。地殻の裂け目から出てくるアンモニアだけでは，資源はずいぶんと限られていたはずである。

**分業する窒素固定**

　シアノバクテリアのすべてが窒素固定をするわけではないが，形態的にも生態的にもさまざまなシアノバクテリアが，この能力をもっている。教科書的に典型的なものは，ネンジュモと呼ばれる仲間で，たくさんの細胞が連なった糸状の体をもっている。そのところどころに**ヘテロシスト**（異質細胞）ができ，その中で窒素固定が行われる（**図7・4**）。それ以外の普通の細胞（栄

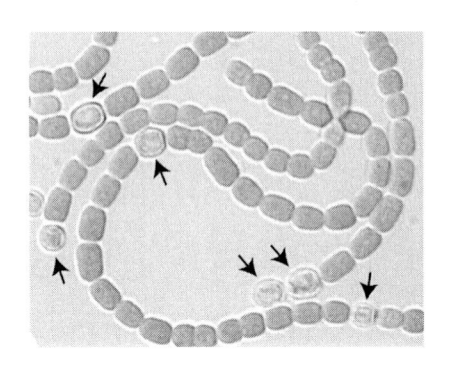

**図 7·4　シアノバクテリアの一種（*Nostoc*/*Anabaena* 属）の糸状体にできたヘテロシスト（矢印）**
ヘテロシストは異質細胞ともいい，他の栄養細胞に比べて，分厚い細胞壁に囲まれている。

養細胞）は光合成を行うので，栄養細胞とヘテロシストが互いに助け合う関係にある。上に述べたマメ科植物と根粒のような関係であるが，こんどは，同じ種類の生物が作る 2 種類の細胞の間の分業なので，共生とはいわない。

　ところが，ヘテロシストの起源は，あまり古いものではないと考えられている。根粒菌よりは古いが，シアノバクテリアの歴史の中では，後の方でできたという意味である。ヘテロシストは何のためにあるのかというと，窒素固定を行う酵素が酸素に弱いので，酸素を排除した環境で窒素固定をするためである。まだ完全には理解されていないが，分厚い細胞壁で囲まれたヘテロシストの内部には，酸素が入り込めない。また，少し入ったとしても，細胞内の呼吸系によって消費される。このとき分子状の窒素がどうして細胞に入れるのかという疑問は，まだ解決されていない。ともかく，このようなわけで，ヘテロシストができたのは，地球上の酸素濃度が高くなってからに違いない。それは約 15〜20 億年前ごろと推定される（**10·1 節**）。それ以前に窒素固定をしていたのはどのような生物だろうか。

　ヘテロシストを作らずに窒素固定をするシアノバクテリアとしては，さまざまなものが存在する。トリコデスミウムという海洋性のシアノバクテリア

の仲間は，やはり長く連なった細胞からできているが，明確にわかるヘテロシストを作らない。しかし，細胞には分業があって，いくつかの細胞が光合成をしていると，その隣のいくつかの細胞が窒素固定をするというように，縞々状に分業が行われるらしい。さらに，海洋にすむ別の単細胞性のシアノバクテリアは，細胞1個でも，夜は窒素固定，昼は光合成と，うまく兼業をこなしているらしい。こうしたシアノバクテリアは，どれも，光合成で得られたエネルギーを利用して，空気中の窒素からアンモニアを作り出しているので，結果的には太陽エネルギーによって，アンモニアを作っていることになる。

　このほか，アゾトバクターなどの細菌も窒素固定を行う。これらは光合成を行わないので，糖などの炭素源をほかの生物から取得して，それをエネルギー源として窒素固定を行っている。これらの細菌は，やはり，酸素のないところでしか，窒素固定をすることができない。窒素をアンモニアに変換する酵素系は，非常に大量の還元力を必要とするが，これまでに知られている酵素は，どれも基本的には同じ構造としくみで働く。したがって，窒素固定のシステムは，生命の歴史の中で，ただ一度だけ出現したらしい。光合成システムも，基本的には起源は一つであると考えられる。ただし，光合成による二酸化炭素固定システムの場合には，かなり複雑で大きなシステムなので，部分的にさまざまに異なるものが存在する。

### 窒素を捨てないで

　**図 7・5** には，地球上の**窒素循環**がまとめられている。ところで，循環という以上，アンモニアが窒素ガスになることも考えなければならない。窒素固定に要するエネルギーの大きさを考えると，これは生物にとっては実にもったいない話だが，アンモニアや硝酸イオンを窒素ガスにして，大気中に返してしまう細菌がいる。アンモニアを硝酸に酸化することを，**硝化**といい，詳しく見ると，アンモニアを**亜硝酸**にするアンモニア酸化細菌と，亜硝酸を

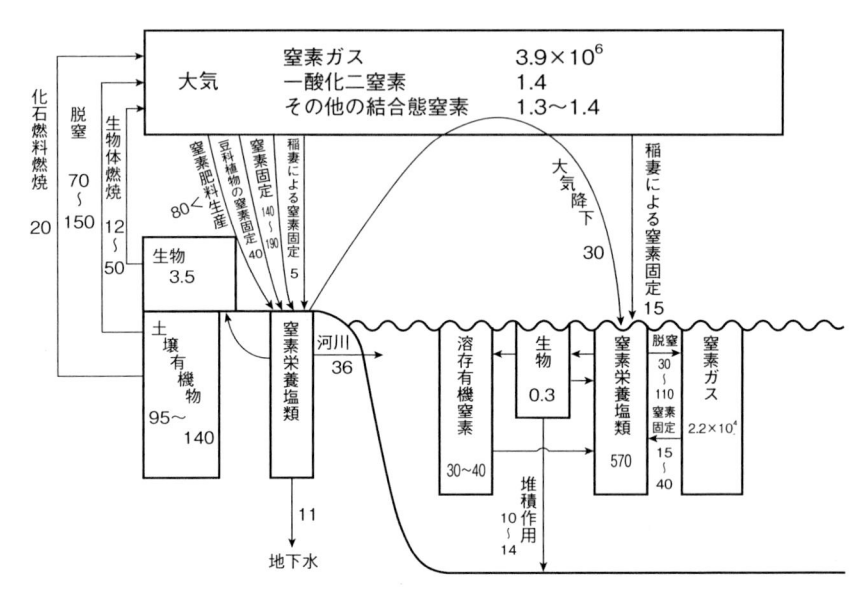

**図7・5 地球表層（生物圏）における窒素循環**
単位は，現存量については Gt（ギガトン），流れについては Mt（メガトン）年$^{-1}$ で，窒素としての量を示している（[70]: 図8.1.4 より）。

硝酸に酸化する亜硝酸酸化細菌とがある。硝酸を分子状窒素にする過程は，**脱窒**（だっちつ）と呼ばれる。これを行うのは，好気条件では酸素を使った呼吸をするが，嫌気条件では，硝酸イオンを酸化剤として利用する（硝酸塩呼吸）さまざまな細菌である。これらの細菌は，こうした反応を通じて，自分の活動のためのエネルギーを得ている。

　植物は硝酸イオンを根から吸収して，光合成から得られる還元力を利用してアンモニアに変え，それをアミノ酸などに変えて利用している。動物は植物を食べているので，動物の肉を作るタンパク質も，もとをたどれば，植物が還元した硝酸イオンである。こうして，生態系全体として，窒素源は，アンモニア，アミノ酸，硝酸などと形を変えながら，循環している。ごく一部の窒素ガスが窒素固定によって生態系に入り，脱窒により再び窒素ガスとし

て失われていて，これらはだいたいバランスしているはずである．光合成によって，太陽エネルギーが形を変えて，炭素化合物として生物界をめぐっているのと同様に，窒素化合物も太陽エネルギーの化身として，エネルギー循環の担い手となっているのである．

## 7·5　栄養元素の循環と土のめぐみ

循環するのは炭素や窒素に限らない．イオウやリンも重要な生体物質構成元素である．また，カルシウムのような陽イオンについても循環が考えられる．基本的には，すべての生体構成元素について，それぞれの循環が考えられる [69, 70, 71, 79]．

ここで考えるべきことは，元素の循環では，炭素を除けば，みな**土**から供給されていることである．土というのは，不思議な優れものである．土は単なる鉱物ではない．無機物と有機物や微生物が複雑に合わさってできた，摩訶不思議なものである [68]．自然界では，土なしでは，どんな植物も育つことはない．よく知られた例は，火山の噴火のあとで，溶岩や火山灰がつもってできた土地には，何十年，あるいは百年以上も，植物が生えないことである．長い年月の間に岩の風化が進み，微生物が育ってゆき，それらが渾然一体となって，細かい土の粒子を作り上げてゆく．地面の下では，土が層状に構造を作っていて，上の方は有機物が混じった植物の生育に適した土だが，下の方に進むにつれて，風化途中の岩石に変わってゆく．十分に長い年月を経てでき上がった土の層状構造（**土壌層位**）では，上から，表土，下層土，母材層と名づけられた層がある．

土の粒子は単なる微粒子なのではなく，**団粒構造**といって，細かい粒が寄り集まって少し大きな粒子を作っている．このような構造になっていることによって，水を保持することと水はけを良くして酸素を供給することとを，うまく両立させている．畑の土は，長年にわたって，耕作に適したように維持管理されてきている．土は，地球が供給した無機物と，そこに育つ微生物

が作る有機物が織りなす複合物質であり，文字通り「生命を育む大切な土壌」である．

さらに，植物の根の周りの土は，**リゾスフェア**（根界）といって，ただの土とは区別して考える．そこに住む微生物は，植物の生育にとって，とても大切な役割を果たしている．中でも，**菌根**といって，カビの仲間（菌というが，真核生物）が植物の根に共生していることは，ごく普通のことで，菌根菌は，植物から有機物をもらう一方，土壌中のとくにリンを吸収して，植物に供給する（[18]，**図7·6**）．このため，貧栄養な土壌では，菌根の存在は，植物の生育にとってきわめて重要である．近年，植物から放出されるストリゴラクトンという一群の物質が，菌根の形成にとって重要であるとの研究結果が報告されている．ストリゴラクトンは，植物が作るホルモン様物質で，側根の形成を抑制する作用なども知られている．

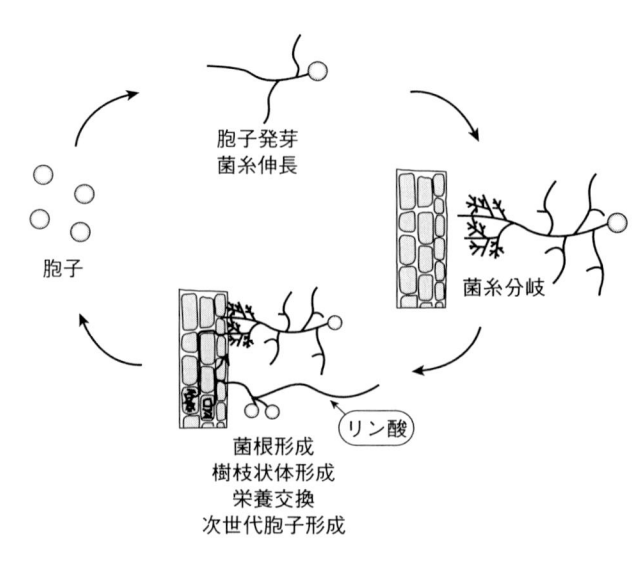

**図7·6　菌根菌の生活環**
（[18] より改変）

# 第8章

# 人間とともにめぐる生態系

　前章では，生態系を作る生物の競争関係や，基本的な物質循環として，炭素と窒素の循環などを中心に述べた。本章では，地球上での人間活動も生態系の一部と考えて，全体がどのようになっているのかを考える。

## 8・1　地球のエネルギー収支

　まず，生命を育む太陽と地球から考える。地球全体の**エネルギー収支**を図8・1にまとめた。太陽の光は，地球上の生命の営みの根源であるので，地球全体の生産について考える前提となる。また，この問題は，**地球温暖化**などとも関係しているので，社会的にも話題になっている。

　図8・1を見ると，太陽からの光の入力が 341 $Wm^{-2}$ で，これがすべてのエネルギーの源泉である。このうち，反射によって宇宙に出て行くものが 102 $Wm^{-2}$ であるので，大気や地表に到達するエネルギーは 239 $Wm^{-2}$ である。意外と大気による吸収が大きく，3分の1を占める。地球から出てゆくのも同じ 239 $Wm^{-2}$ であるが，それはおもに大気からの放射による。大気と地表の間では，放射エネルギーを反射しあっていて，その量が，太陽からの総入力とほぼ等しいことがわかる。この部分が「**温室効果**」として知られるもので，これなくしては，地表を暖かく保つことはできない。大気層外表面の温度は約 255K（－18℃）しかなく，これに対して，地表の平均気温は約 288K（15℃）であるので，温室効果は 33℃分に相当する [62, 63]。この大部分は水蒸気によるものと考えられており，二酸化炭素などの気体による寄与はあまり大き

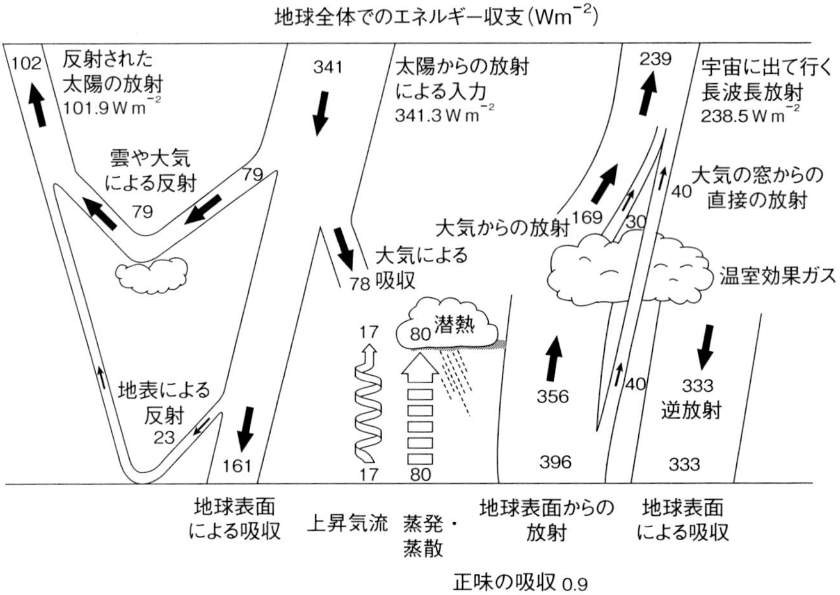

地球全体でのエネルギー収支(Wm$^{-2}$)

```
102  反射された          341  太陽からの放射      239  宇宙に出て行く
     太陽の放射                による入力              長波長放射
     101.9Wm⁻²               341.3Wm⁻²              238.5Wm⁻²

     雲や大気                                              大気の窓からの
     による反射                        大気からの放射 169  40  直接の放射
              79                                30
           79                    大気による                     温室効果ガス
                                 78 吸収
                                           潜熱
                                      17  80
     地表による
        反射                                       356   40     333
        23                                                     逆放射
              161                     17   80      396         333

    地球表面        上昇気流  蒸発・    地球表面からの   地球表面
    による吸収              蒸散         放射         による吸収
```

正味の吸収 0.9

**図 8·1　地球全体でのエネルギー収支**
　陸地と海洋の区別なく，地球表面と大気における熱の出入りを示したもの。少し古いデータが IPCC の報告書 [67] に出ているが，ここに示すのは，2000 年 3 月から 2004 年 3 月までの統計に基づく推計値である。この図の値は昼夜含めた平均値とされている。単位は 1 平方メートルあたりのワット数，つまり 1 秒間に出入りするエネルギーをジュールで表したもの。1 ジュールは 1 mL の水の温度を約 0.24℃高める熱量を表す。ワットという単位は，時間あたりの量，つまり一種の速度である（図のスタイルは [67] によるが，データはより新しい [78] による）。

　補足すると，ワットは家庭の電力量を表すときにも使われるが，量を表すためには「ワット時」を使う。これは 1 ワットの電気を 1 時間流したときの電気の総量を表す。そこで，上の数字と家庭の電気使用量の比較をしてみる。現在の日本の平均家庭の電力消費量は，一か月（720 時間）あたり 300 キロワット時（kWh）であり，平均 400 ワット（4 アンペア相当）となる。昼間は 2 倍としても 800 ワットである。住宅の平均延べ面積は約 95 平方メートルなので，面積当たりの電力消費は 8 Wm$^{-2}$ である。上の図の値が日本にだいたいあてはまるとして，地表に到達する太陽の光の 40 分の 1 となる。供給量は，緯度の問題，季節変化，天候の変化などを考えると，実際にはかなり少なくなる。住宅の種類，生活水準のばらつきなど，考えるべきことはあるにしても，原理的には，太陽光をうまく利用すれば，家庭の電気は全部まかなえる可能性がある。ただし，これは太陽光発電の効率に依存する。

くない [61]。それでも今のペースで二酸化炭素が増えてゆくと，**正のフィードバック**が働いて，二酸化炭素が一層増加し，気温もさらに上昇するというコンピュータシミュレーションがあることは，すでに述べた（**7·3 節**）[67]。

　大気圏の対流圏では，気団の上昇と下降，降雨などがあり，このサイクルは，地表と大気上層との間での熱移動を仲介している。**図 8·1** では，植物による光合成は明示的には描かれていないが，地球表面による吸収という部分の一部がそれにあたる。また，太陽から届く光は主に**可視光**であるが，宇宙に出てゆく放射は，ずっと波長の長い**赤外線**（熱線）であり，エネルギーとしては同じ量であるが，仕事をする能力がずっと低下したエネルギーである。

## 8·2　海の循環と気候変動

### 海洋ベルトコンベアー

　海の水は，ただそこにあって波だっているのではない。地球全体をめぐる大きな流れが存在する。黒潮や親潮のような**海流**についてはよく知られている。しかし，海の流れは表面だけではない。海の深いところでは，別の流れが存在し，地球の海全体として，大きな海水の循環を作っている。この循環は，ブロッカー（W. S. Broecker）により提唱されたもので，**海洋ベルトコンベアー**などと呼ばれる（**図 8·2**）。

　このモデルでは，海水の沈みこみが起きるのは北大西洋で，その後，深層水がずっと南を回って，太平洋北部で再びわき上がってゆく。地球上にある液体でも気体でも，動けるものはみなこのように循環していると考えるべきである。大気中では，高気圧や低気圧が空気の渦を作っている。また，偏西風や貿易風のように地球全体を一定方向に循環している空気の流れもある[65]。これらの動きもまた，太陽の光エネルギーに地球の自転が加わって起きている。

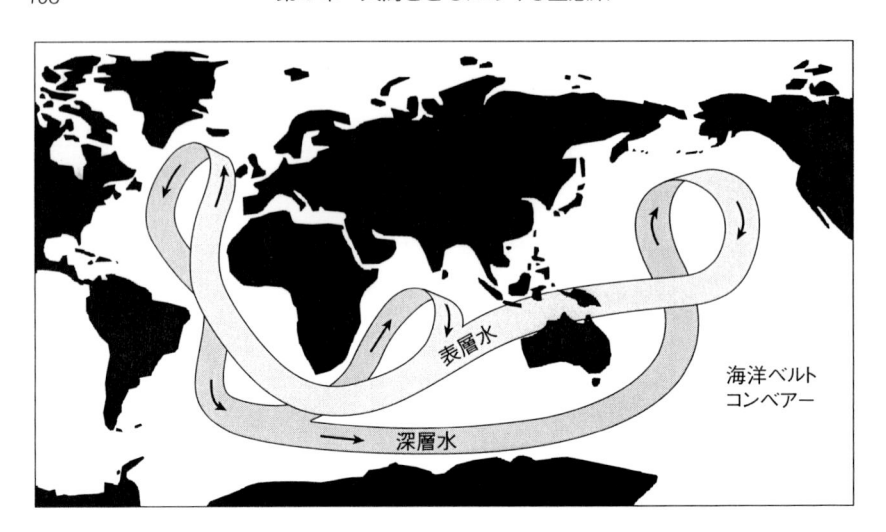

**図 8・2　海洋ベルトコンベアー**
([64] より)

### 海流と気候

海洋循環は，気候にも大きな影響をもつといわれている [9, 64]。**グリーンランドの氷床**を，深さごとに取り出し，含まれる酸素の同位体比を測定することによって，その氷ができた時代の**古気候**がわかる（**図 8・3**）。それによると，最終氷河期の間にも寒暖の周期があり，不思議なことに，暖かい時期の気温はどれでもほぼ同じ，寒い時期の気温もどの周期でもほぼ同じという結果になった。これは，気温が高い状態と低い状態の間で，スイッチのように切り替わっていることを示していて，それにはおそらく，気候を支配している地球規模のシステムの切り替わりが関与していると考えられている。

2万年前以降，**間氷期**に入っても，2回にわたって寒冷な時期があり，その温度差はそれ以前の時の振れ幅に似ている。このような，スイッチ的な気温変動の主な要因としてあげられるのが，海洋循環システムで，このシステムが作動しているときには，地球の気温が均一化される傾向にあり，作動しないときには，暖かな地方と寒い地方の温度差が大きくなると考えられてい

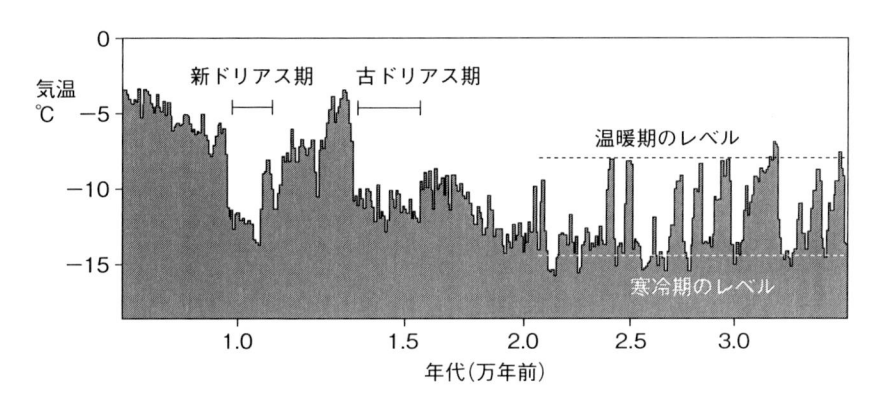

**図 8·3** グリーンランド氷床の同位体分析からわかった過去の気温変動
右が過去で，左端が現在（[77] に基づく [9]: 図 12.1 より）．

る。温暖になると，北大西洋上層で，塩分濃度の低い海水が沈まずに滞留し，南からの海流を抑制するために，海洋循環がとまる。そうすると寒冷化し，再び循環が始まり，温暖化に向かう，という繰り返しがあるという説が有力である。つまり，海洋の循環が，気候のサイクルに関係する。このように，何一つとしてじっとしているものはなく，すべてがサイクルを作り，互いに関係しあっているのが，地球の姿である。

## 8·3 ちょっと変な生態系ピラミッド

**食物連鎖**では，**生産者**（植物や藻類）を**一次捕食者**が食べ，さらにそれを**二次捕食者**が食べるという連鎖ができていて，頂点には大型の動物がいる。えさは捕食者よりもたくさん存在しなければならないので，連鎖の最初の方ほど**現存量**が多いことになり，ピラミッド状になる。これは，たとえば，湖沼や限られた森などに当てはめられるモデルで，しばしば教科書などで目にする。実際には，生存量で表すと，小さくてもどんどん増殖してどんどん食べられているプランクトンのようなものを過小評価することになるので，**生産速度**（多くの場合，年間生産量）を用いて，それぞれの階層の大きさを決

める必要がある．いずれにしても，生態学の教科書（[65, 66, 71] など）で論じられるピラミッドは，あくまでも自然の，つまり「人間がいない」状態を示している．ここで，地球上にいる自然の生物と人間，それに人間の手で育てられている生物の量を比較してみたい（[69, 71, 92] に基づく）．

### 生態系の中の人類

世界の総人口は約 68 億人（2009 年）であるので，全体で約 0.34 Gt（ギガトン $= 10^9$ トン．ペタグラム Pg と同じ）と概算する．人類の毎年の「生産量」（体重の増加と新たに生まれる子ども）は，総量を平均寿命（68 歳：[91] による）で割ったものになり，毎年約 0.0057 Gt であるので，食糧生産量に比べるとだいぶ少ない．たとえば，主だった農業生産物の総収穫量は毎年 7.0 Gt で，穀物総生産高は毎年 2.0 Gt である．主な家畜（牛，豚，羊，鶏）の合計総現存量は約 1.1 Gt で，そこから得られる食肉生産高は毎年 0.26 Gt である．海産物（魚介類）の合計は約 0.0049 Gt である．食べ物ではないが，木材の生産高は毎年 $3.6 \times 10^9$ m$^3$ である（比重を 0.4 とすると，1.4 Gt）．身の回りのものの総量は，だいたい Gt の桁の数字になる．ここまでは，なまの重さで記載しているが，以下の話では，炭素量に換算して考える．

### 植物も呼吸している

生態学では，光合成の速度を，**純一次生産量**（NPP：net primary production：真の光合成速度から呼吸速度を引いたもの）で表すが，これでは，物質やエネルギーの本当の流れはわからない．**真の光合成速度**は，NPPと呼吸速度の和である．文献 [66] には，エネルギーでみた生産速度の一例が紹介されていて，熱帯雨林では，真の光合成量の 7 割が呼吸で失われるという．これは一番多い例であるが，呼吸の割合は，地球上の場所にもより，また，樹木と草本，藻類では，おおきく異なる．地球全体をまとめて見たとき，植物・藻類の呼吸速度は，真の光合成速度のだいたい半分程度を占めている

## 8·3 ちょっと変な生態系ピラミッド

純一次生産 (NPP) と総一次生産 (GPP)・呼吸

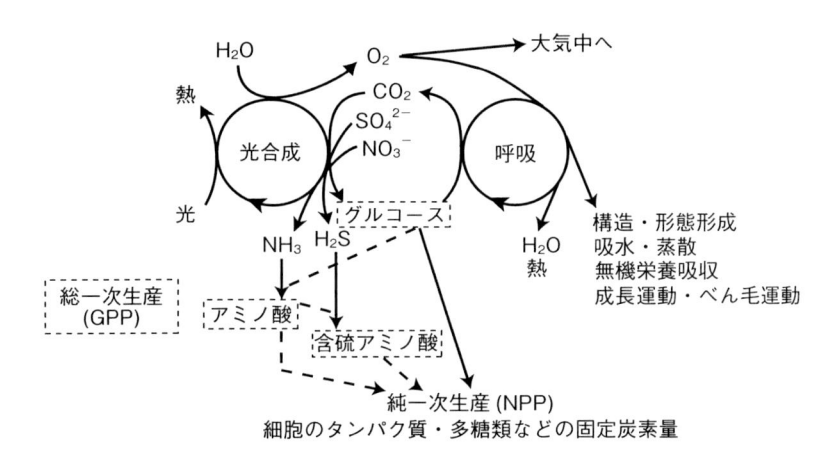

**図 8·4 純一次生産（NPP）と総一次生産（GPP）の関係**
呼吸も生命活動の一部を構成しているので，本当は GPP がわかるとよい（筆者原図）。

とすると，光合成による炭素の流れは NPP の 2 倍程度になる。**図 8·4** に示すように，呼吸も植物の体を作り上げたり運動したりするのに使われていることを考慮すると，「めぐりめぐむ」生命世界を考える上では，生命世界の「**うごき・流れ・勢い**」を示すには，呼吸で失われる部分も，本当は加味しなければならない。

### まるごとの生態系

自然に暮らす生物の現存量も含めて，いろいろなデータを地球全体でまとめたのが，**図 8·5** である。すべて炭素の量で表してある。陸上と海洋での **NPP** は，ほぼ同等であるが，**現存量**は大きく異なる [75]。海洋の一次生産者は藻類であり，すぐに捕食されるためである。これは動物についてもあてはまり，小さな**動物性プランクトン**などはすぐに食べられてしまうので，生産速度の割に現存量が少ない。つまり，海洋の方が，食物連鎖が速く回って

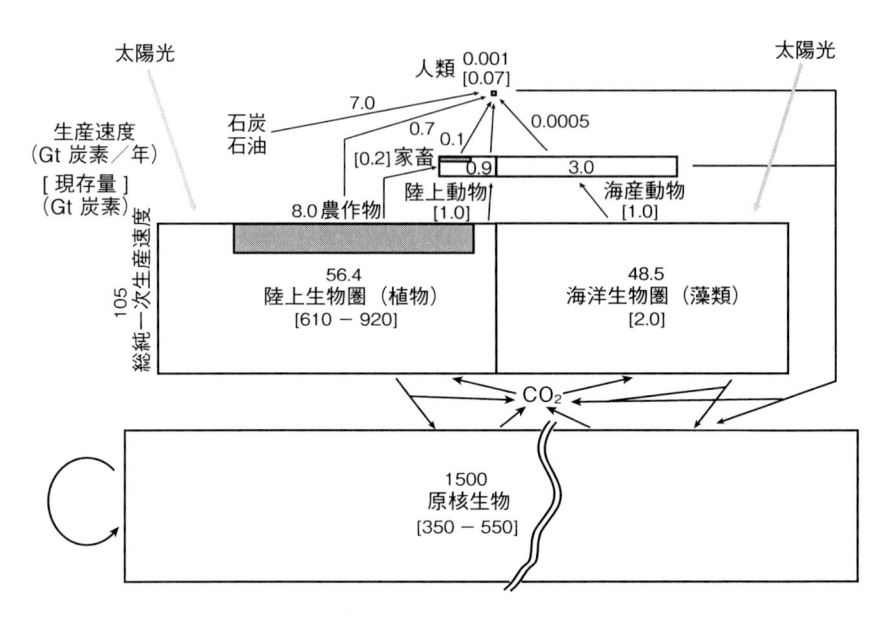

## 第8章 人間とともにめぐる生態系

```
                太陽光              人類 0.001        太陽光
                            石炭  7.0 [0.07]
生産速度              石炭  ──→ ↑  ↖ 0.0005
(Gt 炭素／年)         石油   0.7 ↑ 0.1
[現存量]                  [0.2] 家畜
(Gt 炭素)                    0.9    3.0
            8.0 農作物  陸上動物   海産動物
                          [1.0]     [1.0]
      総
      純
      一     56.4           48.5
      次   陸上生物圏（植物）  海洋生物圏（藻類）
      生    [610－920]        [2.0]
      産
      速  105
      度          ↕  CO₂  ↕

              1500
              原核生物
              [350－550]
```

**図 8·5　炭素の流れで示した地球全体の生態ピラミッド**
　それぞれの枠の面積はだいたい炭素の流れの大きさを表しているが，原核生物の部分（[76] による）は大きすぎるので，縮めて表示した。現存量は角括弧で示した。本文に記したように文献に基づいて概算した。生産速度の単位は1年あたりの炭素量（ギガトン）。農作物の現存量に関しては，収穫しない部分も含んだ適当なデータがないので，書き込んでいない。上向きの細い矢印は捕食関係を，下向きの矢印は微生物による分解を示している。分解者となる真核微生物は明示していない。光合成の部分の矢印は純生産量（NPP）を示している。総光合成速度は NPP の2倍以上，植物の呼吸速度は NPP と同程度以上あるはずだが，地球全体での値はわからない。石油と石炭の消費量も加えた。

いるということになる。自然界の動物の生産速度は，NPP に比べてかなり少なく，陸上では2％，海洋で6％程度である。

　地球上の植物は，**農作物**にくらべてはるかに多い。人間が関わる部分の割合は，**陸上生態系**の約1割を占める程度である。毎年の農作物生産量（0.7 Gt）は人類の総量の10倍程度であるが，実際にはこれは家畜のえさも含んでいる。食肉の毎年の生産量は，人類の総量と同程度である。つまり，人類

は，食糧（炭素源）として，自分の体重の数倍程度のものを毎年摂取している。しかし生産速度として見た場合には，人類の年間生産量は2桁少ないので，食糧に関する限り，食べたものと生産量の比は1,000倍くらいになる。なお，この計算では，成人については，消費するだけで生産しないようにも見えるが，社会全体で子供を育てていると見なせばよい。

### 別会計も忘れずに

一見別の話のようであるが，世界全体の原油消費量は年間約 3.7 Gt（2006年）である。この他に，石炭が年間約 4.7 Gt 使われている。これらは炭素含量が 80％くらいなので，あわせて炭素の量は 7.0 Gt となる（図 7・3 とは数字が少し違う）。図 8・5 には，これも書き入れてある。つまり，私たちは，食糧として消費する物資よりも約 10 倍多い**化石燃料**を使っている。これは驚くべきことである。こうした数字をみると，この地球は，非常に歪んだエネルギー収支の状況にあることがわかる。生命活動の本来の原動力は太陽からの光エネルギーであるにもかかわらず，それを利用してできる家畜や農作物の量を越える化石燃料を利用しているということは，エネルギー的にバランスがとれていないことを意味する。

もちろん，太陽エネルギー以外を使ってはいけないということはなく，すでに述べた化学合成細菌などは，地殻の裂け目から出てくる酸化剤と還元剤に依存して生きているのであるから，地底にもエネルギー源はある。原子力も，地球がもたらすエネルギーの一種であるが，比較が難しいのでここには書き入れていない。一方，化石燃料は，過去の植物の死骸がたまったものであり，地球の歴史の規模で考えれば，過去の遺産を食いつぶしていることになる。人類は生態ピラミッドだけに依存するのではなく，人類だけが使える別の資源を使って，人類全体を維持していることになる。つまり，生態ピラミッドの脇に，「**別会計の枠**」が付け加わっている。最近話題の**バイオエタノール**は，植物に依存した資源であるので，上の計算ではかなり微妙である。石

油や石炭の使用をやめるためには，現在の食糧の数倍の規模で植物を生産してエタノールにする必要があるが，可能だろうか。NPPに依存しない大きな別会計の生態系を，いかに維持してゆくのか，困難に直面している。海洋中央（10・1節）や砂漠など，現在NPPがないところで，新規に光合成ができれば，状況は変わるのかも知れない。

なお，以上の説明は，すべて地球全体としての合計を述べたもので，実際には，地域によって，生態系のようすはまったく異なることを付け加えておかねばならない。実際に生産量が多いのは，低緯度地方であり，農業生産が多いのは，中緯度地方である。また，緯度だけではなく，地形の問題もある。さまざまな生産構造の地域が併存するなかで，全体がどのようにまわっているのかが，本当の問題である。本当なら，地球シミュレータのような計算ができればよいのだろうが，それは今後の課題である。

## 8・4 めぐりめぐむ人間社会

人間の生活は自然とつながる部分もあり，人間社会だけで閉じている部分もある。私たちの日々の暮らしは，食糧の消費という形で農業生産者とつながり，電化消費財や自動車の購入はこれらの生産者とつながるばかりでなく，電力の供給者や原油の供給者である産油国やオイル資本ともつながる。ここで「つながる」というのは，サイクルの「めぐむ」部分のことで，われわれの生活のサイクルがまわりまわって，遠くの人々の生活のサイクルと「**共役**」していることを意味する。

### 人間の生態系

**図 8・6**は，経済的な流れ，つまり，「もの」と「かね」の流れを，人間が生きることも含めて表したものである。つまり人間が作る生態系の循環を表している。個人は真ん中にあり，五つの活動領域をもつとした。

一般的な経済学の教科書に出ている「もの」と「かね」の流れには，人間

8・4 めぐりめぐむ人間社会　　　113

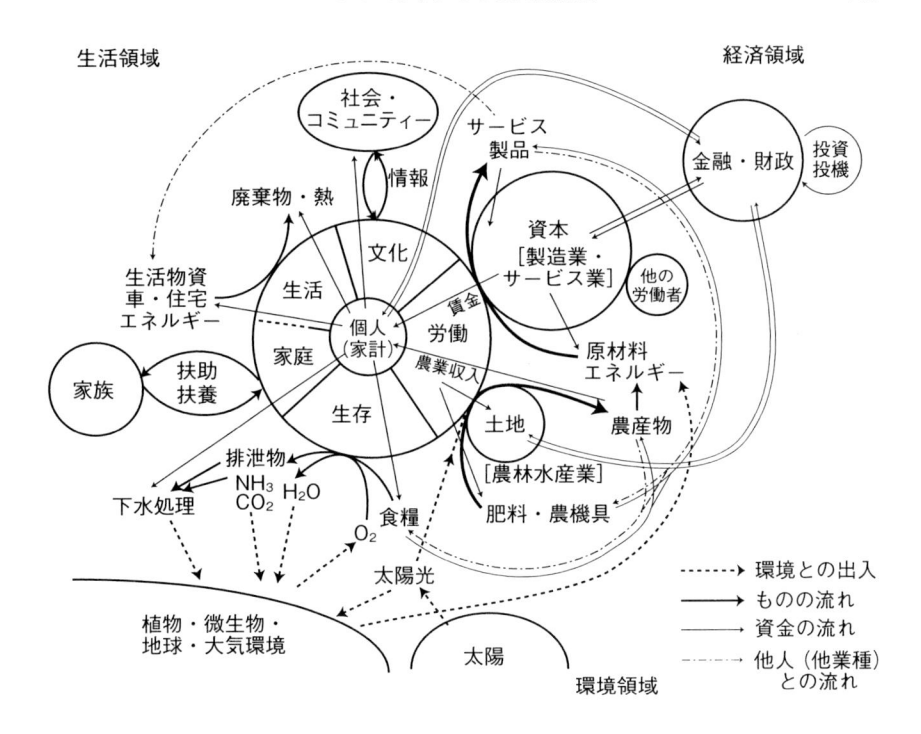

**図 8・6　個人を中心とした経済活動の流れ**
　個人は，生存を維持するための活動に加え，家庭生活により家族とのつながりをもつと同時に，生活財の消費者となる。ここまでが，生物としての人間の部分である。個人は労働を行うことにより，価値を生産する。ここには農林水産業と製造・サービス業の両方を書き込んだが，実際にはどちらかだけの場合が多い。銀行・証券などの仕事もサービス業というところに含めて考える。その他に，文化的な活動がある。これらの五つの活動分野の比率は個人や社会によって異なるが，生存と家庭（単なる血縁だけという場合も含め）の部分は必ず存在する。労働による生産では，資本または土地が共役する。農家の場合，土地も所有していることがあり，自営業でも，規模により，資本の部分が個人と一体となっていることもある。一点鎖線で示すのは，他の事業者から購入したものを示す。イメージとしては，このような図式が個人ごとにあり，異なる個人の間で一点鎖線が結ばれていると考えるが，この図では一緒に示している。細い実線は「かね」の流れを示す。「もの」と「かね」は交換する形で逆向きに流れる場合が多いが，廃棄物・下水処理のように平行に流れる場合もある（筆者原図）。

が生きるところが入っていないし，自然界の現象も含まれていない（たとえば [93] など）。しかし，それらを含めた理論も提出されている [97, 101]。生命を基本に考えると，**人間社会**といえども，そのサイクルが動いているのは，入力と出力があるからに違いない。金融市場などを見ていると，もともと何もないところから富が生みだされるかのように思えるが，かねが循環しているだけでは富は生まれないし，循環させる駆動力がない。**駆動力**はそれ自体において，不可逆的にエネルギーを消費し，エントロピーを増大させるものでなければならないはずである。この地球上でその条件にあてはまるのは，二つだけである。一つは太陽，もう一つは地球内部から出てくる資源やエネルギーである。それらは，不可逆的に仕事をして，最終的に熱として宇宙空間に放出されるので，駆動力としての条件を満たしている。いくら「かね」が循環しているように見える経済であっても，根本的な駆動力が必要である。

### 生命サイクルと結びつく経済サイクル

一番単純な自給自足の生活では，エネルギーの入力である太陽と，農業による食糧生産，消費がそのまま結びついていて，そのほかは，せいぜいバクテリアによる糞尿の分解くらいである（**図8・7上**）。この場合，一点鎖線で結んでいる農業生産と食糧消費も，同じ個人か同じ集落の仲間などの間の流れになるので，実線扱いでよい。このケースでは，人間の生命活動が，太陽のエネルギーによって駆動されているようすが明確である。**7・3節**で触れたように，現代の農業生産には工業製品が不可欠なので，農業といえども，次に述べる製造業のサイクルがかかわってくる。

これに対して，現代の普通の生活では，工業製品の生産と消費のサイクルが相互につながっている（**図8・7下**）。そこでは，資本と労働の共役によって生みだされる製品が消費される。この消費の一部は，加工食品として，生物としての人間の生存を直接支えるものにもなるが，多くの消費財は生活条件を整えることによって，生存を補助するという性格をもつ。あるいは，文

8·4 めぐりめぐむ人間社会   115

**太陽光が駆動する循環**

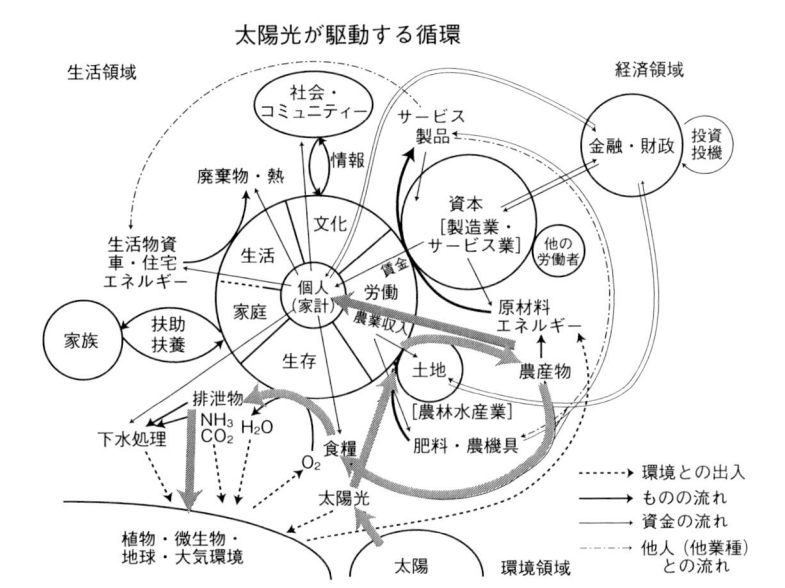

**資源が駆動する循環**

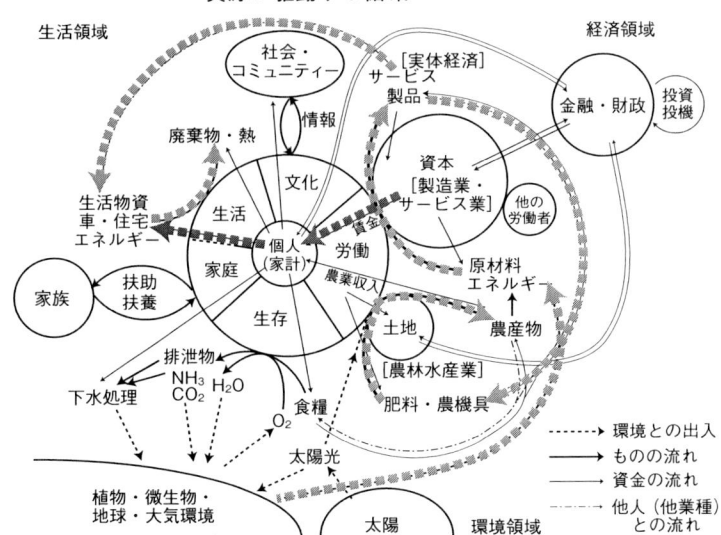

**図 8·7 自然と結びついたものの流れ**
それぞれ，図 8·6 に重ねて太線で示した。

化活動を支援するものになる。この場合，太陽光発電を別にすれば，基本的な原材料とエネルギー源は，地球から産出する地下資源，あるいは農産物である。石油や石炭などの地下資源は，過去の光合成産物の利用ということになるが，原子力燃料や鉄鉱石などの鉱物資源は，地球内部の高エネルギーが生みだしたもの，あるいは，地球を生みだした宇宙に由来するものである。鉄鉱石などは，過去の光合成による地球環境の酸化によって沈殿して鉱脈になったものなので，生命活動を支えるものと同じく，太陽エネルギーの一部ともいえる。

　これに加えて，金融や国家財政の果たす役割がある。金融は財政と密接に関連しながら，社会に資本を供給する。これは資金の再分配を通じて，社会全体におけるさまざまなサイクルの進み方のバランスをとり，社会全体としての効率化をはかっていると考えることができる。投資は，この効率化の部分を利益として得ている。その範囲を超えたとき，バブルの崩壊が起きるのであろう。しかし，詳しいことは専門家にゆだねたい。

　このように，経済も，生命活動とよく似た構造ととらえることができる。経済における「もの」と「かね」の流れは，大きく三つの階層からできていて，そのうちの二つは生命の世界ともつながっており，それぞれの階層は，上下の階層とのつながりによって機能している。一番基本となる人間の生存を直接支える部分には，太陽エネルギーの流入があり，2番目の製造業でも，地球から得られる資源や農産物の流入によって成り立っている。こうした**階層性**を認識することによって，環境と人間生存の関係の重要さがはっきりとしてくる。

### みんな同じではない

　もう一つ指摘しておかなければならないのは，**不均一性**である。ここに示したのは，一般論としての流れであり，実際の流れは，個人ごとに，地域ごとに，また時間的にも異なる。農業と工業と消費経済が結びついているよ

うな事態などである．こうした不均一性を無視しては，経済の議論はできない（**14・2 節**）．おそらく，不均一になることで，全体の効率が高まっている．同じことは，生き物の世界でもいえる．生態系や次に述べる進化は，まるごとの理解で記述することが多いが，地域や時間によって状態が異なることが普通で，異なる定常状態にあるサブシステムが組み合わさって，全体のシステムを構成することによって，全体が均一のときとは異なることが起きる．異なる状態のものが**共役**しているという不均一な系は，それ自体で新たな**秩序構造**である．

# 第 9 章

# 世代をこえてつながる生命

　人間社会のつながりは，横のつながりばかりではない。縦のつながり，つまり，祖先から子孫へと受け継がれてゆく生命がある。それだけではなく，遺伝子の縦のつながりは，結局は横のつながりでもある。一人一人の人間がこの生命世界の中で存在している理由を，このつながりに見いだすことができる。

## 9・1　輪廻転生と血のつながり

　日本人の多くは，輪廻(りんね)という言葉に違和感を感じないだろうが，他の文化圏の人には到底理解できないのかも知れない。しかし，第 7 章などで述べた炭素や窒素などの地球規模での循環を考えれば，私たちの身体を構成している物質の元になる原子は，かつて他の生物の身体を構成していたに違いない。つまり，私たちが食べたものは，もとは植物であるが，そのもとは微生物だったり動物や別の植物だったりするはずである。地球の大気中にある二酸化炭素のどれだけかは，ついこの間まで，私の身体を作っていたタンパク質の一部だったかも知れないし，現在の体の成分もこれから「千の風にのって」ゆくはずである。

### 唯我独尊？

　これに対して，一人一人はみんなそれぞれに個性があり，「ただ一つの花」なのではないだろうか。身体を作っている物質はめぐっているが，思想，文化などはどうだろうか。お釈迦(しゃか)様は，誕生のときに，「天上天下唯我独尊(てんじょうてんげゆいがどくそん)」

と宣言し，この世の中で自分が絶対唯一の存在であることを述べたとされている。お釈迦様ではない普通の人間は，ほかの人の考えと無関係にものを考えることができるのだろうか。

17世紀フランスの哲学者，**デカルト**は，「我思う，ゆえに我在り」（この原理は，**コギト**と呼ばれる）という哲学 [82] を，思索の中から生みだした。なにやら唯我独尊と似ている言葉で，デカルトの著作の文面からは，非常に個人的な思索のように思われるが，これを本当に一人で考えたといえるのだろうか。どんな思想も，言語や文化に依存していたはずである。コギトという原理は，デカルトが世界を理解する理論の構築にあたって，立脚点の絶対性を保証するという重要な役割を果たした。ちなみに，この有名なコギトの意味は，「自分が考えることが，自分の存在の根拠である」と，よく誤解されている。原文を読むと，「自分が考えているということが明らかな以上は，自分が存在していることは確実である」というものである [82]。

こうした論理は，ヨーロッパの哲学の伝統の中で育まれたものであるし，個性も人類の文化の中で生みだされるのではないだろうか。インターネットが普及した現在，個人のつながりが新たな発想を生む原動力となることは多い。普通の人間は，唯我独尊ということはなく，他の人との結びつきに依存して生きている。ここで文化や思想はひとまず置き，遺伝情報の独自性について考えてみたい。

### みんなで共有する遺伝情報

**遺伝情報**も生物世界の中で共有されている。昔は，遺伝子は先祖から子孫へと，「**垂直に**」伝えられると考えられたが，今では，「**水平**」**移動**の例もたくさん知られている。とくに微生物の間では，遺伝子の交換や移動が頻繁に起こり，それによって，病原性や窒素固定能力など，さまざまな性質が伝えられてゆく。高等な生物の間でも，頻度は低いが，遺伝子の獲得と喪失が起きている。こうした場合，遺伝子の水平移動を媒介するのは，寄生性の生物

第9章 世代をこえてつながる生命

や病原菌，ウイルスなどと考えられている。

　垂直に伝達される遺伝情報は，家族の間では共有されているとしても，遺伝子は人それぞれ家系ごとに固有なのだろうか。ちょっと簡単な算術をしてみよう。一人の人間には，両親がいる。それぞれの両親にも，二人ずつの親がある。一人の人間の先祖は，3代前なら8人，4代前は16人となり，10代前なら1,024人である。20代前なら100万人を越えてしまう。1世代の時間は，母親が子供を産む年齢にあたるから，今なら30年あまり，昔なら20年くらいであろう。20世代前というのは，たったの400年あまり前，戦国時代から江戸時代の始めである。40世代前は800年前，鎌倉時代である。40世代前の先祖の数は，上の計算の続きなら1兆人となり，当時の人口を越えてしまう。このことは，どの人も何代か遡ると，同じ先祖にたどり着くはずだということを意味している。婚姻が行われる集団，たとえば日本人，あるいは昔なら，村や町という集団の中で，繰り返し婚姻が行われていて，結局のところ，日本人は皆，遠縁にあたる親戚ということになる。

### 飲めない連帯感

　このことは，具体的な例を考えるとよくわかる。お酒を飲める人と飲めない人がいるのは，周知の事実である。これは，アルコールが酸化されてできるアルデヒドを分解する酵素（2型**アセトアルデヒド脱水素酵素 ALDH2**）をもたない人にとって，アルコールは，いわば毒として作用するためである。DNA塩基のGがAに変わる突然変異によって，この酵素の487番目のアミノ酸が，グルタミン酸からリシンに変化すると，酵素活性がほとんどなくなる。これが「飲めない」遺伝子である。日本人には，本当に「お酒が飲める」人は少ない [28]。

　この酵素の遺伝子は1組のゲノム（**2・3節**，**3・1節**）に一つしかなく，2組の染色体の両方に「飲める」遺伝子をもっている人は，半数程度である。両方とも「飲めない」遺伝子の人は5%程度あり，この人たちが，本当に一

滴も飲めない「下戸」である．その他の多くの人（45％）は，「飲める」遺伝子と「飲めない」遺伝子を1個ずつもっていて，ある程度は飲める（ただし，ALDH2 という酵素は，多数のサブユニットが複合体を作っており，そのなかに，不活性な分子が混ざっていると，全体の活性が出なくなり，結局，活性は 2 分の 1 よりずっと低くなる）．これらの数字は，日本国内の地域によって，かなり異なることも知られている．

そもそもヒトという生物にとって，「飲める」のが本来の姿で，このことを，遺伝学の言葉では「**野生型**」という．「飲めない」遺伝子は「**変異型**」である．「飲めない」遺伝子は，**モンゴロイド**と呼ばれる東アジアに住む民族に多くみられ，ヨーロッパやアフリカの人々にはない [28]．なお，別の変異が原因の「飲めない」遺伝子もあるといわれている．アジアのかなり広い範囲の民族の間に，同じ変異が原因でお酒が飲めない人がいるということは，私たちの祖先をたどっていくと，最初の「飲めない」一人に行き着くということを意味している．

一般に，機能を失った遺伝子は生存に不利なことが多く，進化の過程で淘汰されてしまうのだが，多くの日本人に変異型遺伝子が存在しているという事実は，現実の日本人の生活の中で，「飲めない」ことは，生存に関わるほど不利ではなかったということを意味している．なお，ALDH2 以外の遺伝子にも，多少ともアルコールの代謝に関わっている遺伝子があるので，下戸にも，もう少し細かい区別があるそうである [28]．

まとめると，「飲めない」遺伝子の存在が，日本人あるいはアジアの人々の血が，どこかでつながっているという具体的な証拠だということである．人と人の血のつながりは「めぐりめぐむ」生命世界の一つの表れである．歴史を越えたつながり，家族や地域を越えたつながり，などを通じて「めぐりめぐむ」生命世界が感じられる．

## 9・2 進化と遺伝情報

**進化**というのは，時間の流れに沿って新しい生物種が生まれるという，一方向の過程のように思われる。こうした大きなレベルまでくると，生命は「めぐって」いないのだろうか。進化というのは，結果だけをみると，単純な生物から高等な生物ができてきたように見える。しかし，実際には，たくさんの「失敗作の」生物が絶滅することによって成り立っている。

### 種の定義

実は，「**種**(しゅ)」**の概念**は非常に難しいもので，簡単には定義できない。高等生物であれば，相互に交雑しないときに，種が異なるとする。しかし，実際には，多少形態が異なっても，生息地が違うために交雑していないだけで，交雑可能な場合もある。また，雌ウマと雄ロバからはラバが生まれるが，ラバは子供ができないので，ウマとロバは別の種と考える。しかし，有性生殖のない微生物では，形態もほとんど区別できないことが多く，その場合には，分子系統樹（次に述べる）によって，種の差異を判断する。

### 日本発の中立進化説

進化の理論には，**ダーウィン**が1859年に『種の起原』で提唱した「**自然淘汰説**」[19]と，**木村資生**(もとお)が1968年に発表した「**中立説**」(1986年にその説をまとめた著作[11]を出版した)がある。**ダーウィンの進化論**は，変異が自然淘汰（原語は natural selection で，品種改良など人為的な選択に相当することを，自然が行うという意味である。以後は，**自然選択**と表記する）されることにより，進化が起きるというものである。しかし，変異が遺伝しなければ，この話は成り立たない。その後，メンデルの遺伝法則が認知されると，**突然変異**（遺伝学の正式の用語としては，「突然」をつけずに「変異」という。従来，遺伝的なものもそうでないものも含む意味で使われた「変異」variation は，「多様性」などと訳すことになった）が自然選択によって選択

## 9・2 進化と遺伝情報

的に蓄積することによって，新たな種が生まれるという**ネオ・ダーウィニズム（総合説）**が確立した．この場合の選択というのは，単に不適格な種が滅びるというのではなく，異なる遺伝子型をもつ集団の**繁殖率**（適応度）に差があって，最終的に，一方が残ることを意味する．しかし，後に述べるようなマクロな形態の変化は，これでは容易に説明できないという問題が残った．

中立説は，分子レベルの進化を説明する学説である．提唱当時は，ダーウィンの進化論を否定するものとして大きな議論になったが，現在では，ネオ・ダーウィニズムの発展型に統合されている．中立説は，個々の生物個体のもつ遺伝子ではなく，生物集団全体として見たときに，分子レベルでの遺伝情報の変化がどのようになるのかを考察したもので，コンピュータシミュレーションを含む複雑な理論である．生物集団全体の中で，ある一つの個体において，遺伝情報を構成する一つ一つの核酸塩基が突然変異によって変化したとして，それがあとの世代にどのように伝えられてゆくのかを，数理モデルを作って調べた結果に基づいている．

子孫がその遺伝子を受け継ぐかどうかは確率の問題なので，たとえどんなに低い確率であっても，新たに生じた突然変異が，集団全体に広まる可能性が存在する．その一方で，かなりの確率で，集団のどの個体もその突然変異をもたないようになる可能性もある．明らかに不利な突然変異，言い換えれば，生存に必須な遺伝子に致命的な損傷をもたらすような変異は必ず淘汰されるが，それ以外のどんな突然変異も，集団全体に広まる確率がごくわずかだけある．そしてそうした突然変異が，最終的に，その生物の進化の歴史に残るものになった場合，その突然変異が「**固定された**」と表現する（図 9・1）．

個々の突然変異が固定される確率はきわめて低いが，進化の長い歴史の中では，ある数の突然変異の固定が必ず起きる．この速度が進化の速度を表す．まったく中立な変異の場合には，集団のサイズによらず，突然変異の起きる率が，進化速度と等しくなる（たとえば [10] 参照）．したがって，二つの種

(a) 個体数1,000の場合

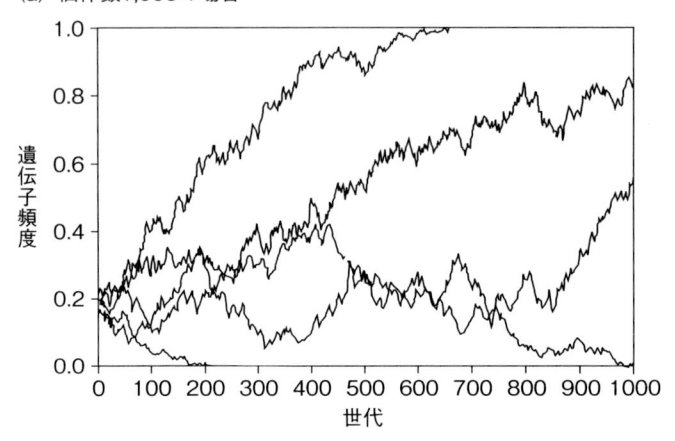

(b) 個体数10,000の場合

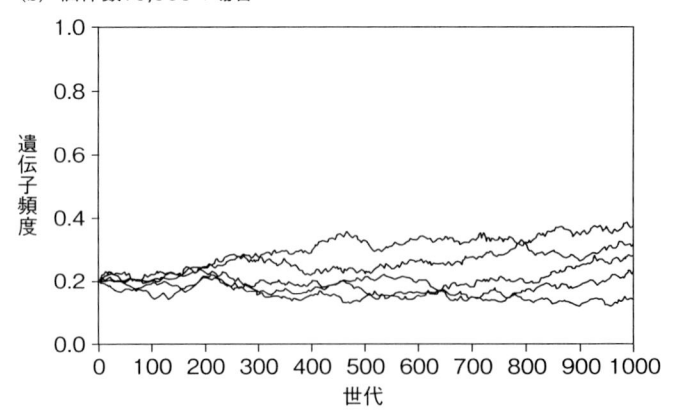

**図9・1　遺伝的浮動のコンピュータシミュレーション**
中立進化の基本概念である遺伝的浮動を示したもの。二つの対立遺伝子を考え，その一方の初期遺伝子頻度 0.2 から出発して世代を重ねたときの遺伝子頻度の推移のシミュレーション試行の代表的なパターンを示している。個体数が多い場合，遺伝子頻度の変化はあまり大きくないが，個体数が少ないと，確率的に遺伝子頻度が大きく変化する。多くの場合，その遺伝子は消滅するが，まれには集団全体に広まり，固定される（頻度が1になる）ことがある（[10] より）。

の生物の遺伝子を比較したときに,違っている箇所の数を数えれば,**進化的な距離**(分岐後の時間)を推定できることになる。この原理に基づくと,「**分子系統樹**」を作ることができる。現在の系統進化学では,これが標準的な技術の一つになっている。

### もう一つの日本人発:遺伝子重複による進化

一つの遺伝子を使っていながら,それを改変して,新しい機能をもたせることは難しい。そこで,遺伝子をいったん重複させて(2個にして)おき,一方を普通に使いながら,もう一つを改変してゆくことによって,新たな機能を生みだすという進化のしくみが考えられた。もともと古くからこうした仮説はあったようだが,アメリカで活躍した大野 乾が,詳しい遺伝子のデータなどに基づいて,遺伝子重複説として強力に提唱した。ゲノム解読によって,たくさんの重複遺伝子が見いだされ,現在では,遺伝子重複が,進化の基本的なしくみの一部として理解されている([10, 11, 21, 22] などを参照)。

重複するのは,個々の遺伝子の場合もあるが,ゲノム全体が重複することもある。実際,哺乳類は,祖先ゲノムが4倍化したゲノムをもつことがわかっており,大部分の重複遺伝子は欠損したり,不活性化されたものの,ホメオボックス遺伝子(**5・4節**)などは4セットがそれぞれに機能をもち,高度な発生過程を調節するプログラムを作るのに役立っている。

### 形態の進化

分子レベルでの進化が,自然選択によらなくても起きることがわかってくると,分子レベルの進化と,形態レベルでの進化との関係が問題になってきた。**形態レベルでの進化**は,生存にとって明らかな有利・不利が生ずるものであって,自然選択の対象になるものと考えられるが,分子レベルでの変化がどれだけ蓄積すると,形態レベルでの変化につながるのかがよくわからないのである。形態レベルでの進化には,同時に多数の遺伝子の配列や発現の

変化が必要になると思われるので，それがどうしてうまくできるのか，合理的な説明はなかなか難しい。

マクロな進化を説明する理論としては,何通りかのものが提唱されている。**カウフマン** [41] などは,**自己組織化**（11·7節, 12·4節）という概念を提唱し，突然変異がランダムに起こるのではなく，ある新しい機能や形態を作るようなたくさんの突然変異が集中して起きることによって，新たな種が生まれるという考え方を提示した。「わきあがる進化」といえばイメージしやすいかも知れない。少し前にはやった構造主義生物学などという考え方も，これに近い。最近の全ゲノム配列解析によって，二つの種が分かれるときには，とくに突然変異が蓄積する領域（種分化ゲノムアイランド）があるという説も提唱されている [30]。

10数年ほど前からは,**エボデボ**（Evo-Devo）という考え方 [21] が提唱され，進化（evolution）と，発生（development）を関係づけて考えることが多くなった。**発生プログラム**が複数あるとき，それらを切り替えるのは，一つの**調節遺伝子**の変異だけでもできるかもしれないというのが,基本的な発想である。あるいは，多細胞生物の多様な形態は，いくつかの基本的な発生プログラムの産物であり，そのプログラム全体を新たに造りあげなくても，部分的に改変すれば，最終的にできてくる生物の形は，大きく異なってくるのではないかと考えるのである。

さらに,最近の**エピジェネティクス**（3·1節）を取り入れた仮説 [31] では，エピジェネティックな変化で生じた表現型の変異が選択されると，その遺伝子に実際に突然変異が起きて,同じ効果をもつ遺伝子型が作られると考える。選択圧が緩和されれば，たくさんの突然変異が蓄積することは，細菌ではよく知られている。もともと集団がもつ遺伝子型セットには幅があり，その分布に加えて，遺伝子ネットワークの多様性により，表現型の大きな可塑性が生ずると考える説もある [22]。その場合，遺伝子ネットワーク全体に対して選択が起き，遺伝子型セットの分布全体として変化が起き，それが進化とし

て表れるという。これらは，長らく否定されていたラマルクの「獲得形質の遺伝」に似たことが，実は，可能かも知れないという説明になる。

翻訳における終止コドン読み飛ばし機能を使って，遺伝子を変化させずに表現型に変異を生じさせ，環境条件などの必要に応じて，「かくれ変異」を顕在化させることも示されている [32]。基本は，重複した遺伝子や，いまの生存環境では必要のなさそうな遺伝子を，「とりあえずおやすみ」の状態にしておき，「かくれ変異」とでも呼べる突然変異を蓄積して，本当にこの遺伝子が必要なければ欠損したり，たまたま新しい機能ができたときには再活性化したりできるようにすることを考えればよいわけである。

まだまだ進化は奥が深く，いくらでも新しい考え方が生まれてくる。

## 9・3 わきあがるヒトの進化

**ヒトの進化**については，近年次々に新しい研究成果が報告されている。ヒトの進化でも，多くの種が生じ，滅びていった（**図 9・2**）。現代人は，肌の色や髪の毛のようすが違っていても，全部同一の種（**ホモ・サピエンス**）であると考えられている。一般に，ある生物の原産地を知る指標は，多様性が高いことであるが，人類の場合も同様で，遺伝子の多様性を詳しく調べた結果，アフリカ大陸が人類誕生の地と考えられている。その他の大陸に住む人類は，ある集団の祖先が，約 20 万年前から世界に広がっていって，住み着いたものと考えられている。ヒトの祖先である猿人が，チンパンジーの祖先から分かれたのは約 700 万年前で，その中からホモ・ハビリスなどの原人が生まれ，さらに旧人，新人が生まれるというように，人類の祖先から現代人ができるまでにも，進化の道筋があって，たくさんの種が分岐し，その中の一つが生き残ってきて現代人になったと見られている。

近年，いくつかの種が最近まで現代人と共存していたことがわかってきた [14]。旧人の一つである**ネアンデルタール人**は，3 万年ほど前まで，ヨーロッパで現代人（ホモ・サピエンス）と共存した。また，2004 年にインドネシ

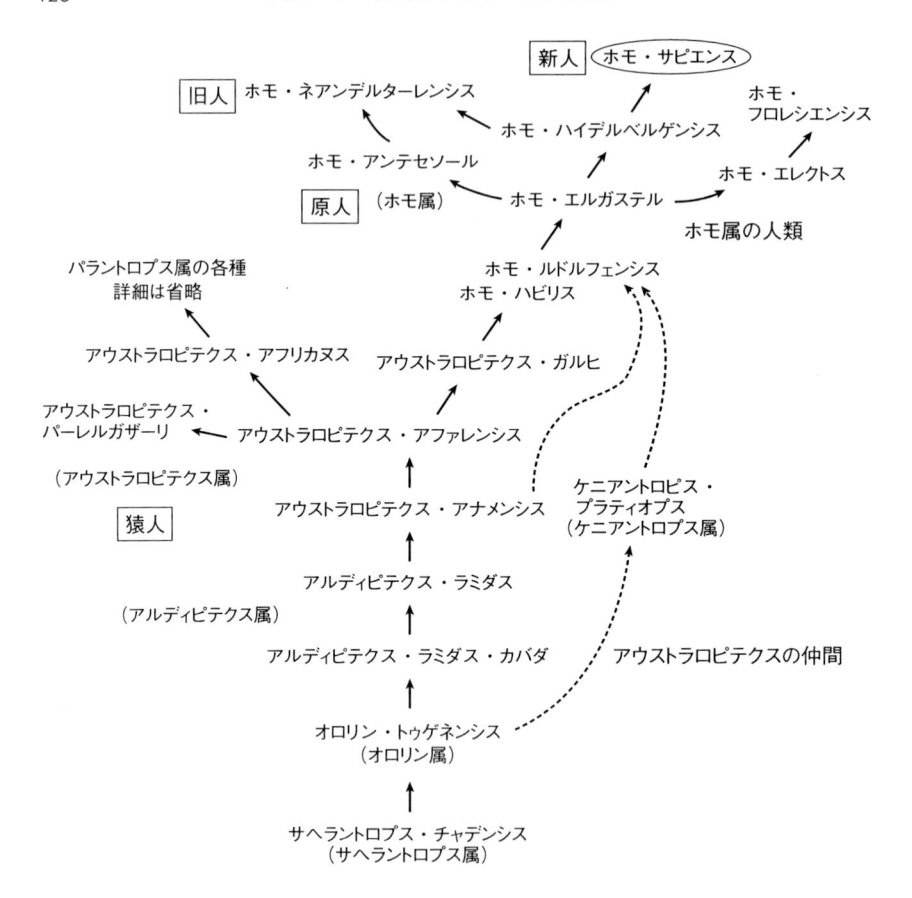

**図 9・2 人類進化の系統樹**
　アウストラロピテクスの仲間（猿人），ホモ属の人類（原人，旧人），ホモ・サピエンス（新人）の 3 群に分かれる．現代人はすべてホモ・サピエンスである（[14]：5 ページの図より）

　アで発見された**ホモ・フロレシエンシス**は，大人でも身長 1 m くらいの小人で，1 万 3000 年前まで生存したと言われたこともあったが，現在ではもっと古かったとされている．今でも，地球上のどこかには，ホモ・サピエンスではない人類が生きている可能性がある．さらに興味深いのは，過去に別の人類と共存していたときに，ごく稀にでも，現代人と別の人類との雑種が生

まれ，その子孫が現代人に同化されたのではないかという可能性である。たとえば，ネアンデルタール人の遺伝子の痕跡が，現代人の約5％の遺伝子に残っているという可能性を指摘する報告もある [33]。

　ヒトの進化に限らず，絶滅していった生物種は，自らの運命を，生き残った他の生物種に託したという意味で，「めぐむ」という概念につながっている。このとき絶滅した種がたどった，「種分化により生まれ，ある程度繁栄し，その後，滅びていった」という経過は，黙って滅びたのではなく，その与えられた環境における，他の種の優位性を実証したという意味において，長い時間でのライフサイクルのように考えることができる。勘違いしてほしくないことは，生き延びた生物種が絶対的な意味で，優れたものというわけではないことである。あくまでも，与えられた環境（地理的，気候的な環境だけでなく，他のどんな生物が共存するのかという生物学的な環境も含む）において，**繁殖率**が高かったというだけである。だから，環境が変われば，またさらに新しい進化が起きるのである。その際に，**雑種形成**により，古い種の遺伝子も，後の種の一部に引き継がれているかも知れない。生態系とおなじように，死滅した種が再利用されて，さらに生き残る種を形成していったとすれば，一種の自己組織化と見ることができ，「めぐる」サイクルから「わきあがる」ことが進化であることが納得される。

# 第 10 章

# 地球と生命の共進化

　生命が成り立つのは，ひとえに，この地球があるからである。水があり，陸地があり，海があり，大気があるという惑星（ハビタブルプラネット habitable planet）は，宇宙の中にいくらでもあるわけではない。では，地球は，生命と無関係に存在しているのかというと，そうではない。地球の歴史は，生命の歴史でもある。

## 10·1　地球と生命の歴史

### 地球の創成

　**生命の進化**は，実は**地球の進化**とも密接に関連している。地球ができたときには，今のような姿ではなく，とても人間が住めるようなところではなかった。大陸も酸素もなかったからである。それどころか，植物もなく動物もいない。そんなところに仮に人類がいて，暮らしてゆけるだろうか。たとえば，火星に住むためには，食糧や酸素をどのように調達するのかが大問題となる。

　地球が 46 億年前にできたときには，まだ高温の溶けた岩石からなる火の玉であった。冷却するにつれ，水やガスが分離してきて，原始大洋と原始大気ができた。前にのべた古事記 [89] の日本列島誕生（3·1 節）のようである。しかし大気は主に窒素と二酸化炭素からなり，酸素は実質的にゼロであった。やがて生命が誕生したが，最初の生物は，岩石中に存在する無機物の酸化還元によってエネルギーを得ていたと思われる。彼らは二酸化炭素の還元により有機物を合成し，それによって体を作っていた。現在でも，そうした微生物が海洋底の**熱水噴出口**の近くなどにいることは，前に述べた（4·2 節）。

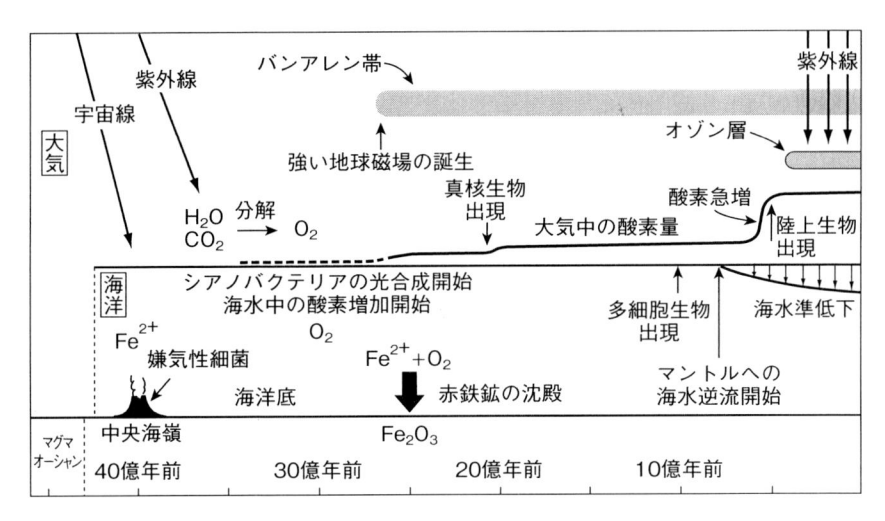

**図10·1 生命と地球の進化にともなう酸素濃度の上昇**
左が地球の始まりで，右が現在を表す（[59] 図 6.2 より改変）。

図 10·1 には，生命と地球の進化のようすが示されている。また，光合成生物の進化については，別の本 [6] で詳しく説明した。

### 光合成が地球を変えた

やがて，**光合成**によって二酸化炭素を還元する細菌が生まれた。現在の光合成細菌の祖先である。まだ酸素を発生することはなく，イオウ化合物の酸化によって，電子を得ていた。酸素を発生する光化学系ができたのは，27億年くらい前のことで，それが，現在の**シアノバクテリア**の祖先である（図10·1）。シアノバクテリアが次第に酸素を発生しながら増殖してゆくと，大気中の酸素濃度が少しずつ上がっていった。

**酸素**は人間にとっては必要なものだが，それまでに存在した微生物にとっては危険な毒であった。通常の分子では，電子が2個ずつ対を作って安定になっているが，酸素分子では，それぞれの酸素原子が1個ずつ孤立した電子

をもっているので,きわめて反応しやすい(ラジカルが二つあるのでビラジカルという)。実際,鉄が錆びるだけではなく,たいていの物質は,長い間に酸素によって酸化されてしまう。酸素からはさらに反応性の高い「**活性酸素**」も生ずる。人間の体の中で活性酸素が生ずると,害を及ぼすことが知られている。酸素は,シアノバクテリア自身にとっても,危険を伴うものだったに違いないが,シアノバクテリアは,たくさんの活性酸素消去系をもつことにより,この困難を克服した。おそらく他の多くの生物は,絶滅を余儀なくされたに違いない。こうして,シアノバクテリアは,地球環境を劇的に変化させた。酸化的になった地球では,それまで海に溶けていた鉄分(2価の鉄)が酸化されて,3価の酸化鉄として沈殿した。

### 真核生物の誕生

ちなみにシアノバクテリアの出現以前に,地球には,**プレートテクトニクス**と呼ばれる,プレートのゆっくりとした移動のしくみができ上がり,大陸も形成されていた。**地殻**(厚さ約35 kmくらい)は,地球の大きさ(半径約6,400 kmくらい)に比べると,きわめて薄いもので,私たちは,薄っぺらいプレート,つまり「ひょっこりひょうたん島」にのって,漂流しているようなものなのだそうである。大陸は,離合集散を繰り返しながら,現在のような形になってきた[13, 59]。また,20億年前頃までには,**古細菌**の一種(またはそれと真正細菌が融合したものともいわれる)の内部にαプロテオ細菌(**アルファプロテオ細菌**)が入り込み,最初の**細胞内共生**によって**ミトコンドリア**となり,これによって真核生物が誕生した(図10・2,[13])。ミトコンドリアは,すでに濃度の高くなっていた酸素を利用した好気呼吸により,大きな活動エネルギーを得るのに役立った。さらに16億年くらい前までには,シアノバクテリアの一種が,真核生物の細胞内に共生(**一次共生**)して**葉緑体**となり,それによって**藻類**が誕生した(図10・2,図10・3)。藻類は真核生物であるので,葉緑体に安定した環境を提供でき,また,べん毛を使って泳

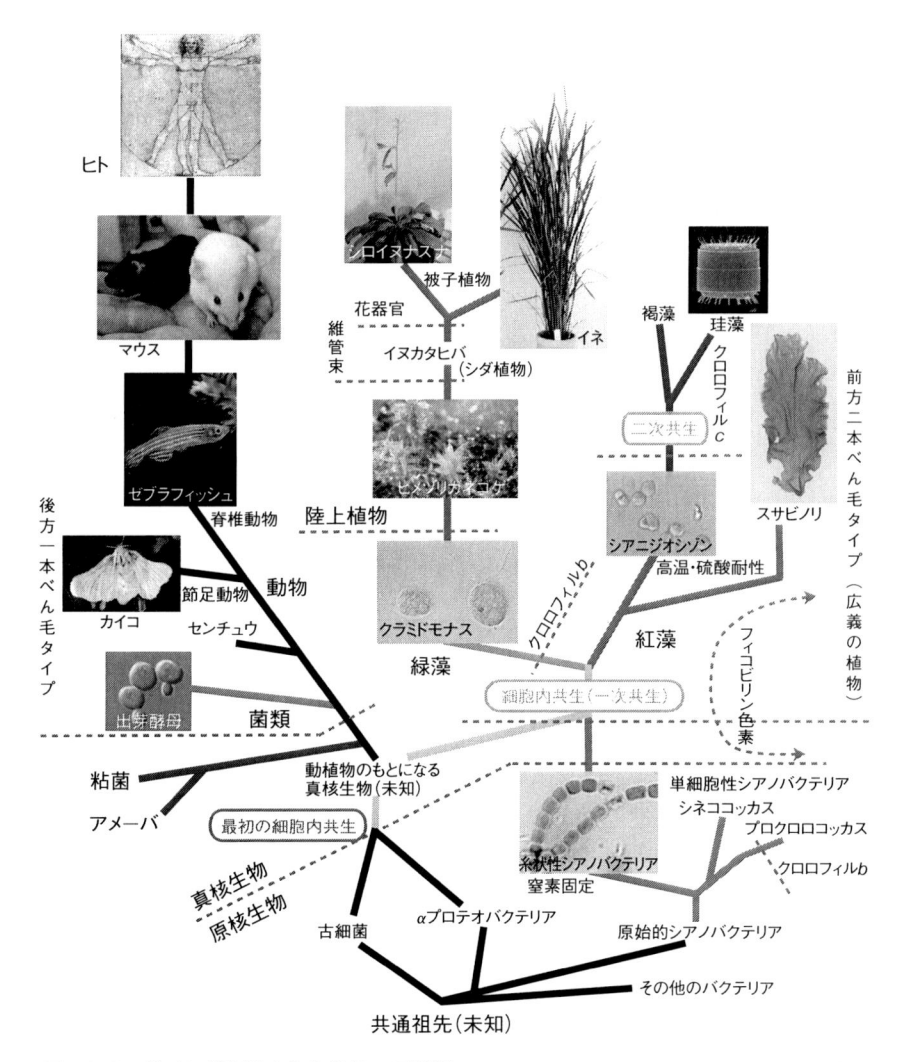

**図 10·2　ゲノムが解読された生物の系統樹**
原核生物からの細胞内共生によってミトコンドリアをもつ真核生物が生まれた。さらにシアノバクテリアの細胞内共生（一次共生）によって，藻類が生まれた。藻類は緑藻と紅藻と灰色藻（示していない）にわかれ，緑藻から陸上植物が生まれた。真核生物の祖先からは，アメーバ類，菌類，動物が生まれた。ゼブラフィッシュからヒトまでのラインなど，作図上，系統関係をまっすぐに書いてあるところもあるが，菌類やセンチュウのところのように，本当はすべて分岐になっている（筆者原図。写真提供者は口絵に記載）。

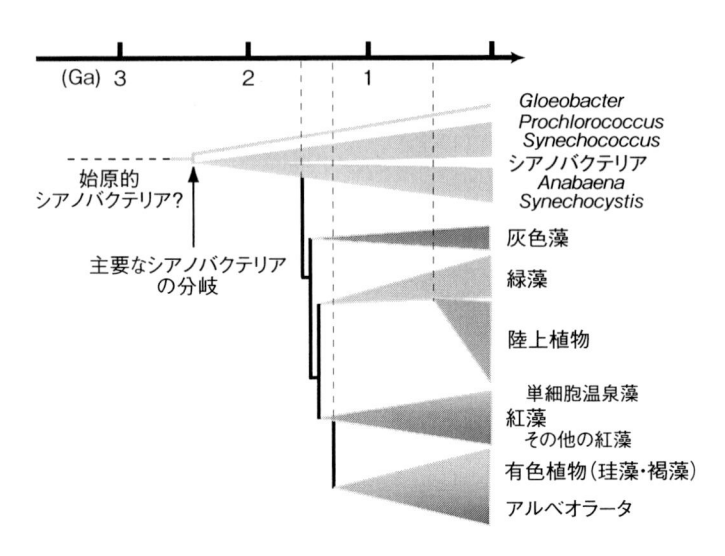

**図10·3　主な光合成生物群の進化**
左が過去で，右が現在を表し，単位は10億年（Ga）。なお，灰色藻と紅藻のどちらが先に分岐したのかについては，確定していない（[27]: Fig. 3 より改変）。

ぐ（4·3節）ことにより，光合成条件が良いところを探して動くことができるようになった。ちなみに，シアノバクテリアは，ものの上を移動できるが，泳ぐことはできない（5·2節）。

### 多様な藻類

化石の分析結果から，約10億年前ころには，多細胞藻類が出現していたことがわかっている。その頃，**緑藻**，**紅藻**，**菌類**などの**多細胞化**が起きた。多細胞藻類の繁殖により，約5.5億年前頃から，地球上の酸素は急速に増加していった。酸素濃度が増加すると，大気の上層にある酸素が太陽光の紫外線と反応して，**オゾン層**を形成した（約4.5億年前）。これにより，有害な**紫外線**が地上に届かなくなり，生物が地表で暮らせる準備ができた（**図10·1**）。

現在の海で多く見られる藻類である**褐藻**や**珪藻**は，藻類の細胞が別の真核生物の中に共生することによって誕生した（**二次共生**：図10・2，図10・3）。二次共生は何度も起きたが，もとはかなり古く，13億年前くらいに起きたと推定されている。現在の海にいるような二次共生藻が増えたのは比較的新しく，2.5億年前（ペルム紀と三畳紀の境を表す**P/T境界**と呼ばれる大絶滅事件）から後のことである。海洋における主な藻類は，**円石藻**（7・3節），**渦べん毛藻**，珪藻などであるが，どれも二次共生または三次共生の結果，進化したものである。円石藻は炭酸カルシウムの，珪藻は珪酸の，それぞれ殻をもつことにより細胞を安定化させた。さらに，褐藻（コンブやワカメの仲間）のように大型化する藻類も出現した。

### 陸上への進出

陸上に進出することになる動植物の多様化は，オゾン層形成以前，約5.5億年前ころの**V/C境界**（ベンド紀とカンブリア紀の境界）に引き続く時期に起きた。この時期は，陸地が急に増えた時期でもある [59]。多細胞緑藻から**車軸藻**が生まれ，これが現在の**陸上植物**のルーツとなった。最初の陸上植物はコケの仲間の**苔類**（ゼニゴケの仲間）である（約5.0〜4.4億年前：オルドビス紀）。さらに本格的な陸上進出は，次のシルル紀（約4.4〜4.1億年前）のことである（**図10・1**）。

植物の陸上進出は，それまで海や湖沼に限定されていた光合成を，陸上でも可能にし，光合成生産の飛躍的な向上をもたらした。海の方が広いが，海の中央では，栄養塩が足りないために，ほとんどの光合成生物は住むことができない。そのため，光合成は栄養塩の豊富な沿岸部と湧昇流にめぐまれた海域で，主に行われる [6, 67, 79]。また，陸上は太陽の光が直接あたるので，海中に比べて光が強いことも重要な要素である。反面，昼は暑く，夜は寒くなること，光強度の変化が大きいこと，季節変化があることなどは，光合成を安定して行うのには不適切である。陸上植物は，こうした変動する環境に

対する適応機構を進化させることによって，陸上での光合成をより安定的なものにした [13, 27]。植物の陸上進出によって，光合成生産量が飛躍的に増加し，それにより，大気中の酸素の濃度も一段と上昇した。現在の酸素濃度は約 21％であるが，上述の **P/T 境界**の前には，30％位まで上昇したこともあったという。

　約 5.5 億年前頃の **V/C 境界**の後，動物の世界でも，大きな変化が起きた。後生動物が著しく多様化して，現在見るような，動物の主な分類群が出現した。これを「**カンブリア紀の爆発**」などと表現することがある。これは，酸素濃度の上昇によって大型の生物の生存が可能になったことが一つの原因と考えられる。水中の溶存酸素濃度が上昇したことに加えて，体内の循環系（**6・1 節**）を発達させることによって，生物の大型化が可能になったのである。おそらく，酸素濃度がある程度増加するまでは，循環系を動かすだけでも取り入れた酸素を全部使ってしまい，体内循環系を作るメリットがなかったものと思われる。

　このように，地球の進化もまた，光合成に依存している点が多く，酸素の蓄積が，地球の環境を大きく変えたこと，とくに，大型の多細胞生物の陸上進出を可能にしたことは，この地球の特筆すべき特徴である。

### 酸素は仲間はずれ

　もしも，地球上の炭素化合物が，最初は全部 二酸化炭素であったとし，現在の大気に含まれる酸素がすべて光合成によって作られたとすると，地球上の有機炭素の量は，酸素分子の量と，分子数として一致するはずである。実際には，大気中の酸素の総量に対して，有機炭素量は 3 桁少ない。実は，海洋底に沈殿した生物の死骸などの有機物が，堆積岩の内部に含まれたままになっていて，さらに海底の堆積物の一部は，海洋プレートの沈み込みにともない，大陸側プレートの下側に付加されて**付加体**と呼ばれるものを形成し，ある部分はマントルの内部に入り込んで封印されてしまっている [59]。もし

そうでなかったなら，生物の死骸に含まれる有機物が自然に燃焼してしまい，大気中の酸素は，これほどまでに蓄積できなかったのではないかとも考えられている．酸素は，一緒に生成した有機物から別れて，ひとりぼっちで空中に漂うことになった．

## 10・2　宇宙とつながる生命

すでに**パターン形成**（5・5節）の最後で，物質の世界と生命の世界を通じて，共通した考え方ができることを述べた．もっと広く，宇宙から生命までをミクロからマクロまでのスケールで見直してみると，そこで見えてくるのは，生命世界の内部が「めぐるサイクル」に満ちあふれているだけでなく，生命世界は宇宙ともつながって，さらに大きなサイクルを作っていることである．これを**図 10・4** に示した．

### 太陽と生命と人間

そもそも，生命が成り立つのは太陽の光のおかげであるが，太陽が存在している理由は，宇宙の膨張の過程で，星間物質が渦を作り，それらが自らの重力で集まることによって，恒星ができたからである．銀河系も巨大な渦であるし，宇宙自体も渦巻きをなしているらしい．太陽系の惑星群も公転しているし，地球も自転している．すべてまわっていることに意味がある．突き詰めて考えると，生命が成り立つのは，ひとえに宇宙が膨張していることが原因であり，結局は**ビッグバン**のおかげである（[60] など参照）．

生命のサイクルは，細胞内での代謝や複製などの**サイクル**に始まり，細胞周期の制御を介して，細胞レベルでのサイクルになる．多細胞体の構築のためには，多数の細胞を集合させ，一つにまとめ上げるしくみがある．分化した多細胞体を作るには，受精卵の極性と**不均一性**を増幅する遺伝子発現制御の**フィードバックシステム**がある．さらに多細胞生物体の統御のために，さまざまなサイクルが働いている．血液循環のように，実際にものが流れてい

138　第10章　地球と生命の共進化

**めぐりめぐむ生命：あらゆる生命現象を共役サイクルと
とらえ，生命・人間・宇宙を全体として理解する**

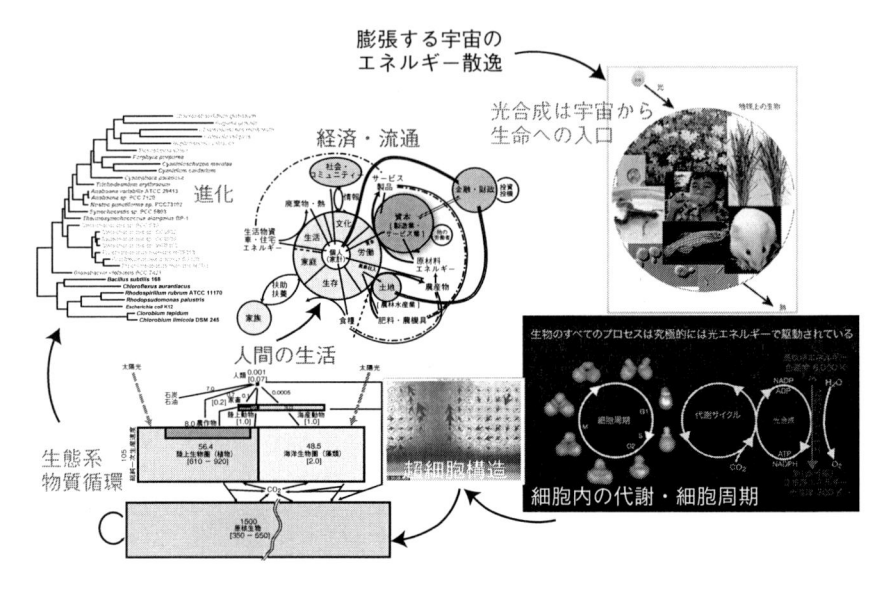

図10・4　ミクロからマクロまでめぐりめぐむ生命世界
（筆者原図．写真提供者は口絵に記載）

る場合もあれば，体の恒常性を保つためのホルモンと神経によるしくみのように，制御系がサイクルを作っている場合もある．

　人間についていうならば，脳の活動も，個々の神経細胞の働きが集まって，定常的なサイクルがうまくできることによって成り立つ．さらに大きなスケールでは，ライフサイクル，世代間の知識の伝達（教育や文化）などもある．また，社会そのものも，人間集団が作る大きなサイクルである．そのなかで動くお金やもの，つまり，流通や経済も大きなサイクルである．こうした人間活動も含みながら，地球上の生態系や物質循環が成り立っている．さらに，諸生物の発展や衰退を繰り返すサイクルによって，生命の進化が実現されている．こうした生命活動全体として，入力された太陽の光エネルギーを熱の形で宇宙に返すことによって，その勢いを得ているのである．

## 10・2 宇宙とつながる生命

**生命のつながり**

サイズも規模も時間的スケールもさまざまに異なるこうしたサイクルは，それでいて，互いに密接に関係し，互いに他を駆動している。サイクルがたくさんあって お互いに絡み合っているとき，何が起きるのだろうか。それこそが，「**生きている**」ということではないだろうか。もう一度繰り返すと，「めぐる」とはサイクルがあること，「めぐむ」とはサイクルが共役していることを意味する。互いに共役する多数のサイクルがあるとき，それぞれのサイクルは独立ではなくなり，また，部分では見えなかった現象が，全体として**わきあがって**くる。細胞の中の小さな代謝のサイクルと，宇宙のエネルギー散逸や人間社会のお金の流れ，あるいは生物進化がどこかで関連していて，密接につながっているというのが「めぐりめぐむ生命」の基本的な考え方である。ここからは，いろいろな面から生命に関する考え方を見直し，生命に関する一つの考え方を提案したい。

# 第 11 章

# 生命の神秘から生命の秩序構造へ

　生命のサイクルが互いにめぐみあっていることが,「生命の神秘」の内容とすれば,それを成り立たせているしくみは何だろうか。サイクルは自然にまわるのだろうか,誰かが回しているのだろうか。共役したサイクルからは,どのようにして,生命の秩序構造が生まれるのだろうか。生命に関するいろいろな考え方から,見てゆくことにする。

## 11・1　パスツールと自然発生説の否定

　**自然発生**というのは,もとは泥の中から蛙が生ずるとか,肉の塊にウジがわくというような話であり,肉片を目の細かい布で覆うことによってハエの産卵を防ぐなどの実験によって,それらは18世紀以前に完全に否定されていた [83]。しかし,顕微鏡でしか見えない微生物が発見されるに及んで,問題が再燃した。栄養分を含む肉汁やミルクなどを放置すると,その中に微生物がわいてくることについて混乱が生じた。肉汁やミルクは,生物が生みだしたものであるので,それらは単なる物質ではなく,「**生命力**」を宿したものと見なされた。生物がいないように見えるこうしたものの中から微生物がわくのは,「生命力」が残っているからだと考えられた。

　有名な**パスツール**(L. Pasteur:図11・1)[83]が取り組んだのは,ニーダム(J. T. Needham)とスパランツァーニ(L. Spallanzani)の論争に対する,最終的な決着であった。ニーダムの実験により,肉汁やミルクを煮沸して密閉しておけば,腐敗しないことは明らかで,その関連で,アペール(N. Appert)

図 11・1　ルイ・パスツール（1822 〜 1895）
（写真提供：共同通信社）

により，保存食としてのびん詰めが発明された．しかし，疑ってかかれば，これらの操作は，「生命力」を破壊してしまった可能性があり，また，加熱した容器中の空気は変質して，生命を維持するのには不適切なものになっているとも考えられた．そういう考え方をすると，この問題を解決するのはなかなか難しい．

　1860 年前後にパスツールが行った有名な「**白鳥の首形フラスコの実験**」は，この問題を解決する画期的なものであった [83]．その内容は，① 一度煮沸した肉汁液でも，ふたを少しあけることにより，空気中の雑菌が入れば腐敗するので，それ自体は「生命力」を失っていない，② 細長い首をもった容器では，煮沸後に外から空気が入ってくることができるが，途中で雑菌が除去されて，肉汁液まで到達しなければ，液は腐敗しない，という 2 点にまとめられ，これにより，自然発生の可能性は，明確に否定された（図 11・2）．

　この結果，生物は生物からしか生まれないということが確定し，無生物と生物には厳然とした区別があることになった．

## 11・2　自然認識は関係性の把握から

　**自然認識**のあり方については，古来いろいろな説があり，**デカルト**は，自

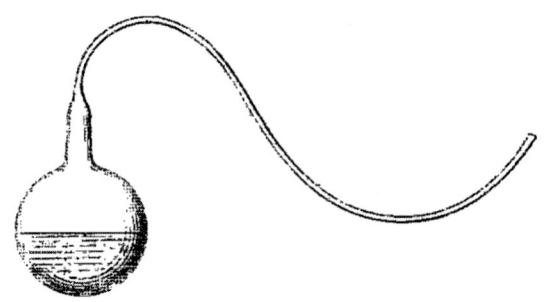

**図 11·2** パスツールが自然発生説の否定のために用いた白鳥の首形フラスコ
このフラスコの中には，養分を含むさまざまな液体が入れられ，フラスコの先端は細くのばしてあるが閉じていない。フラスコを煮沸したのち，ゆっくりと冷まし，そのまま保存すると，長期にわたり，内容物は腐敗しなかった。それまでの同種の実験では，煮沸した後に密封していたため，新鮮な空気がないために腐敗しないのだと反論されていたが，これによって，空気中の微生物が腐敗の原因であることを明確に示すことができた（[83]: 全集版 270 ページより）。

我があって初めて**客観的世界**を認識できるとした（**9·1 節**）[82]。これに対し，主観の優越性を安易に前提とすることはできないというのが，**カント**の純粋理性批判など，その後の哲学である。

新カント学派といわれる**カッシーラー**（E. Cassirer：図 11·3）は，1910 年の著書『実体概念と関数概念』[85] において，自然科学の認識のしかたを考察し，実体の把握から関係性の把握への転換が，20 世紀初頭の自然科学の発展の裏にあると考えた。この意味するところは，自然科学における認識が，個別具体的なもの（これを実体と表現する）を直接把握するのではなく，ものとものとの関係性や，ものを認識するという行為によって成り立っているというのである。認識論の問題としては，カント以来，事物そのものを認識できるかどうかは自明ではないとされ，カッシーラーも，その立場から，個々のものを直接認識することには哲学的根拠がないと考えた。カントは，「純粋理性」が，概念の論理的整合性によって真実を認識できるとし，理性に基づく認識の可能性を示した。しかしこれは，数学の演繹的体系にはよく

図 11・3　エルンスト・カッシーラー
（1874 〜 1945）
（出典：Wikipedia）

図 11・4　アンリ・ベルクソン
（1859 〜 1941）
（出典：Wikipedia）

当てはまるが，現実世界を対象とした場合には，必ずしもうまくいくようには思えない。

　カッシーラーは，この部分をさらに進め，見かけの現象や事物の間に法則性が見いだせれば，物事を理解できたといえると考えたのである。この本が書かれた 1910 年当時は，量子力学や相対論が出てきて，一躍脚光を浴びた時代であるので，それに触発されて，新しい物理学や化学の進歩を裏付ける認識理論を構築したと考えられる。残念ながら，生命に関わることはほとんど書かれておらず，生命の認識が，どのような概念的枠組みによって可能になるのかについては考察していない。カッシーラー自身は，その後，人間についての思索を別の方向に展開させた。

　しかし，「めぐりめぐむ」という考え方は，生命体を構成するものを，ものではなくサイクルとして考え，それらの関係を考えるというもので，カッシーラーの認識論を生命に適用したものともいえる。

## 11・3　ベルクソンの「生命の勢い」説

　1907 年に，『創造的進化』（Evolution Créatrice）を著したフランスの思想家ベルクソン（Henri Bergson：図 11・4）は，生命には連続性があり，**生命**

の勢い（élan vital：はずみ，躍動，飛躍とも訳される）によって，多様な進化を遂げると考えた。

「私たちは長い回り道の末に，もともと私たちの出発点にあった考え方，つまり「生命独自の勢い」に戻ってくることになった。それは，ある世代の胚から次の世代の胚へと，発達した成体を間にはさんで受け渡されるもので，その場合，成体はハイフンのようなつなぎの役割を果たすことになる。進化のさまざまな系統の間で保存され共有されているこの勢いが，生物に見られる諸変異のそもそもの原因であり，これらの変異の中には，少なくとも，そのまま保持されて伝えられてゆく変異，新たに加わる変異，新たな種を生じさせる変異などがある。」（[84] PUF 版 88 ページより，筆者による意訳）

ベルクソンは，異なる系統の生物でも類似の進化をすることがあること，たとえば動物の異なる系統のそれぞれで眼が進化することに注目して，進化の原動力は，系統の間で共通であると考えた。全生命に共通の進化原理があるとして，これに対して「生命の勢い」という概念を仮定したようである。ベルクソンは，植物や動物や人間の生命について，同じ生命の勢いが別々の方向に進化させたものと考えた。

「アリストテレス以来伝承され，多くの自然哲学に悪影響を与えてきた重要な誤りは，植物的生命，本能的生命，理性的生命を，一つの勢いが示す3 種類の発展段階と考えるものである。ところが，これらは一つの活動の三つの異なる方向を示していて，それらは発展するにつれて分かれていくものである。」（同書 136 ページより。原文はこの部分がイタリックで強調されている）

ベルクソンはその著書の中で，当時の知識に基づいて，無生物は**機械論**が支配するが，機械論でも**目的論**でも生物を説明することはできないと主張した。モノー（J. Monod）の『偶然と必然』[88]では，ベルクソンの「生命の勢い」を**生気論**（le vitalisme）と断じながら，生命が自発的に多様なものに進化してゆく傾向の表現としては評価している。「生命の勢い」概念は，その後の生物物理学における**自己組織化**（self organization）と，自然選択や遺伝的浮動に基づく多様性進化の原理をあわせたような概念として再解釈できるのではないか，というのが筆者の見方である。

## 11・4 シュレーディンガーの「負のエントロピー変化」概念

次に，生命の理論として重要なのは，20世紀の代表的な物理学者である**シュレーディンガー**（E. R. J. A. Schrödinger）が1944年に著した『生命とは何か』"What is Life?" [34]である。その中で，シュレーディンガーは，生物は「**負のエントロピー**（negative entropy）」を食べることによって生きていると述べた。**エントロピー**は無秩序さ（乱雑さ）の尺度と見なされ，世界は無秩序に向かうと一般には言われているが，話はそれほど単純でもない（**12章**）。

**生命**は**無秩序**の反対の極にあり，生物が死ねば，体を作っている物質は分解し，秩序がなくなる方向に向かう。ということは，生物が生きているときには，常に秩序を形成し続けていて，これは，食糧として取り入れた有機物の大部分を分解して，二酸化炭素と水やアンモニアに変えることで，外部に多量のエントロピーをはき出し，その代わりに自身のエントロピーを減少させる活動をしていることを意味している。これを称して，シュレーディンガーは，「生物は負のエントロピーを食べている」と表現した。

この表現に対しては，物理学者から，エントロピーは正の値しかとらないので，「負のエントロピー」という表現はおかしいなどの反論がなされた。本当の意味は，「負のエントロピー変化を実現している」ということであっ

た。同時にこれは，生命の存続には必ず環境のエントロピーの増大が不可欠であることを意味している。つまり，生命の存続には環境汚染が必然であるということになる。もちろん，ここでいう**環境汚染**は，ゴミや汚染物質のことというよりも，水と二酸化炭素とアンモニア，それに熱を指している。これは，人間がものを食べて生きるだけでも必要なもので，衣類，住居や冷暖房などは別である。さらにふだんの生活で使われるさまざまな消費財も別である。これらの関係は，すでに**図 8·6** で示した。しかし，シュレーディンガー自身は，生物がどのようにして自身のエントロピーを下げているのかについて明確に示すことができず，そのため，彼も生気論者と言われることがある。

## 11·5　プリゴジンの散逸構造理論

　**散逸構造**は dissipative structure の訳で，非平衡熱力学の第一人者である**プリゴジン**（I. Prigogine）が詳しく研究した概念である。散逸というのは，ものがバラバラになってどこかにいってしまうことを意味するが，この場合，散逸するのはエネルギーやエントロピーである。ものがバラバラになったら何も残らないように思われるのだが，そこで構造が出現するというのが，非平衡の熱力学の教えるところである [35]。

　具体的な例を考えよう（**図 11·5**）。鍋に水を入れて，ガスレンジにのせて湯を沸かすとする。鍋は下から加熱され，一番下の方の水は暖められる。すると，冷たい水に比べ，暖められた水は，膨張した分だけ比重が低くなり（軽くなり），その結果，一番下にあって暖められた水が上昇する。入れ替わりに上の方にあった冷たい水が降りてくる。ところがよく考えると，暖かい水と冷たい水は上下に重なっていて，そのまま逆転させることは難しい。実際に起きることは，部分的に水の上昇が起きる場所と，下降する場所が別々にできるということである。鍋を注意深く観察すると，上昇流と下降流が交互に六角形に並んだ，いわば蜂の巣状（ハニカム honeycomb 構造）になる。簡単にこれを観察するには，味噌を入れるとよい。つまり，味噌汁を作ると

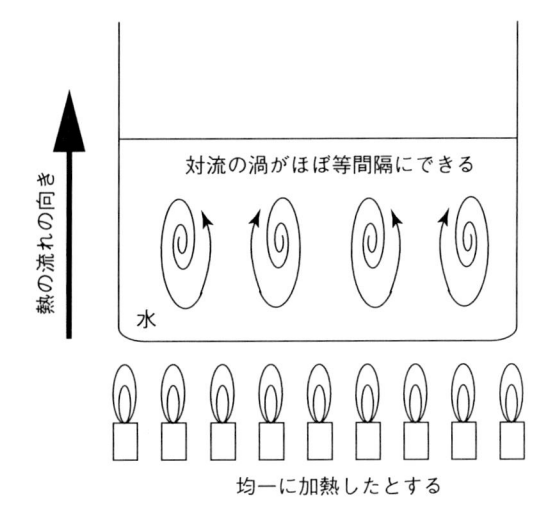

**図11·5　お湯を沸かすときの対流のようす**
　お湯を沸かすとき，鍋が完全に均一で，完全に均一に加熱したとしても，対流の渦が等間隔に形成される。しくみの説明は本文を参照。対流が起こることにより，熱の輸送が速くなる。

きによく観察するのがよい。

　こうした対流は，**ベナール対流**と呼ばれ，1900年にベナール（Henri Bénard）によって報告された（文献やパターンは[51]で引用されている）。彼は，加熱の均一性を確実にするため，金属製の器を下から蒸気で加熱し，揮発しない液体を使った。本当に厳密な実験を行うのは，きわめて難しいかも知れないが，ここでは，鍋のイメージとして理解してもらうことにする。

　これと散逸との関係は何だろうか。この場合，下から上に向かう熱の流れがある。大きな熱の流れがあって，その中に，水が作る対流が存在している。対流が起きている渦の中のそれぞれの場所では，熱の流れ方はさまざまになるが，全体としては，下から上に向かう大きな流れがあり，それが対流によって促進されている。このような大きな垂直の熱の流れの中で，水平方向にハニカム構造が作られている。構造ができる以上は，エントロピーがごくわず

かに減少する。しかし，下から上に向かう熱の流れにより熱が拡がるのであるから，エントロピーは大きく増加する。このようにして，エントロピーをまき散らしながら，構造が作られる。この構造は熱の供給がある限り存続する。つまり，エントロピーの散逸が続く限りで成り立つ構造である。

このような構造形成には，きっかけが必要である。本当に静かな状態で，液体をきわめて均一に加熱したとすると，対流は起きないはずである。これは不安定な定常状態である。しかし，現実には，分子のブラウン運動をはじめとして，いろいろな「**ゆらぎ**」があり，これがバランスを破ると，一挙に定常状態が破れて，構造形成が起きる。これは「ゆらぎを通しての秩序」([36]：19章）である。別の言い方をすると，「平衡から遠くはなれた状態に系を維持すると，定常状態の不安定化により，対称性の破れに伴われる秩序構造の出現が見いだされた」([36] 訳者あとがきより，言葉はそのまま)。

同様のことは，地球上の気候を決めている高気圧と低気圧や海流（8·2 節）にもあてはまる。プリゴジンは，こうした散逸構造の延長として，生命も理解できると考えた [35, 36]。

## 11·6　目的論を見直す

以上のようなことを考えながら，再び生命を見直すと，生命には，二つの特徴があることに気づく。**定常的なサイクル**を作っていることと（4·1 節など），**デジタル的な状態決定**である。両者は関連している。健康や病気などの状態遷移や，細胞分化などが，後者の例である（5·4 節）が，このことは，可能な定常状態がいくつもあって，その間を移り変わると考えれば理解しやすい。

定常的とは，まったく何も変化しない，いわば「死んだ状態」のことではなく，絶えずものが動き，変化しているにもかかわらず，ものの出入りが釣り合っていて，一見何の変化もないように見える状態である。川の流れはいつも同じに見えるが，実際には水が動いていて，今そこにある水は，さっき

そこにあった水とは違う [90]。電流の場合も同じに考えることができるし，太陽の光もそうである。細胞の代謝は，定常サイクルである。生物進化も，生物種間の競争の定常状態を見ている。こうしたときに，生物の**合目的性**が感じられる。合目的性にあまり執着しすぎると，生き物はある特定の最終目的に向かって進化しているのだとか，特定の目的に合致したような体のつくりになっているなどという表現になってくる（**目的論** teleology）。これについては，モノー [88] なども強く戒めていて，生物を考えるときには，できるだけ**機械論**で説明できるようにすべきだという立場が有力である。しかし，少し考え方を変えて，定常状態，それも循環する系の定常状態を考えてみると，ふしぎなことに気がつく。目的と原因が一致してしまうのである。これについて，もう少し詳しく考えてみたい。

ギリシャの哲学者**アリストテレス**は，物事の四つの原因を区別した [80, 81]。**質料因**（原料・素材），**始動因**（作者），**形相因**（本質・しくみ・原理），**目的因**（目的・意義）である。ここで，アリストテレスのいう目的因は，現代的感覚では原因とは思えないかもしれない。『形而上学』第5巻 [80] には，「散歩の目的は健康である」などの例が述べられている。その場合，健康は散歩の目的因と考える。現代の教育を受けたものにとって，健康が散歩の原因であるという因果関係は認められない。しかしそれは一回性の動作で考えた場合である。

循環的に繰り返され，定常状態に達した系を考えるならば，目的因と始動因さらに形相因も一致してしまうのではないだろうか。毎日散歩をしている人は，それによって健康を保っている。筋肉は，使わないと衰えてしまうので，その意味で，筋肉を使うことそのものが，筋肉を維持することでもある。また，筋肉の収縮は血管を絞ることによって血液を送り出す効果があるので，体全体の循環を良くする。この場合，散歩をしようとする意思（始動因），散歩とは体を動かして循環を良くし，筋肉を使うことで筋肉の働きを保つことであるということ（形相因），そして結果として散歩をすることにより，体力

を維持でき，病気になりにくくなること（目的因）は，結局のところ同じである。元気に散歩ができること自体，健康ということでもある。

　生命活動は，多くの場合，繰り返したり循環したりする定常的な状態にあり，そのため，何が目的で何が原因かということは渾然一体となっている。古来，生命体には物質とは異なる「**生気**」が宿っていると考えられたのも，こうしたわけではないだろうか。生命に関しては，すべてが目的にかなったように見えるので，それはなぜなのだろうと不思議に思えるからである。しかし，目的論的な生命の法則性は，生命が定常状態をあらわすことを理解すれば，基本的には納得できるように思われ，それは結局，進化の結果ということができる。進化によって，あたかも合目的的に見えるようになった生物の構造や特性に対して，**目的律**（teleonomy）という言葉が使われ [88]，アリストテレスの目的論（teleology）とは区別されることがある。

## 11・7　積み重なる生命秩序

　シュレーディンガーの「生命はいつも自身のエントロピーを増加させないように，外部に大量のエントロピーを捨てている」という考え方 [34] は，生命体には**秩序**があって，それが常に保たれている**定常状態**にあるという前提にたっていた。しかし，生命体の秩序というのは，抽象的には何となくわかるような気がしても，曖昧である。

### いろいろな生命の秩序

　では，何が生命を特徴づける「**秩序**」なのだろうか。一番明確なことは，生物は増殖して，ほぼ同じ姿をしたもう一つの個体を作り出すことができることである。これは，細胞レベルでは細胞増殖である。同じ形の細胞をもう一つ作るということは，細胞を構成する生体物質を合成して，適切に配置することである。生体物質は，材料となる食糧や栄養分から，ATPやNADPHなどに保存された自由エネルギーを使って，作り出さなければならない。ま

た，細胞は，常に細胞膜を介して物質の能動的な輸送を行っている。イオンの輸送によって膜電位を保ち，神経細胞などでは，外からの刺激に応じて電気的なパルス（インパルス）を発生する（図6・2）。さらにこうした電気刺激をきっかけとして，筋肉の収縮などの運動を行うこともある。普通の細胞でも，内部には，筋肉繊維を作るのと同じアクチン・ミオシンの系などがあって，細胞内の物質輸送や細胞のアメーバ運動などを行っている（4・3節）。細胞分裂のときには，微小管と呼ばれる繊維とダイニンやキネシンというモータータンパク質が染色体の分離を行い，さらに細胞質分裂には，アクチン・ミオシン系という収縮性の繊維が働いている（一般的な教科書 [2, 3, 4] などを参照）。このような運動や輸送もまた，「**秩序**」の一つである。そして何よりも重要なのが，情報物質としての DNA である。遺伝情報を子孫に伝えることは，生物にとって最重要な目的であり結果である。

　個体のレベルでは，胚からの発生・形態形成のプログラムや細胞分化が，「**生命の秩序**」である。さらに，細胞間相互作用や，外部からの環境刺激やストレスに対する応答や適応といったことも，「**秩序**」を構成している。その意味では，体温調節などの恒常性も，生命の秩序の一つの表れである。ウイルスや細菌感染に対する抵抗性，免疫なども生体の恒常性であり，「**秩序**」の一つである。多くの生物学者は，こうした調節機能などに興味を感じて研究を行っていて，これらが生命の重要な特徴であることには間違いない。

　しかし，「**生命の秩序**」には，さらに高次な問題も含まれる。動物が日常，食糧を調達して食べ，排泄するようなときの本能や行動，子どもを生んで育てる過程で必要になる本能，行動や，人間なら感情や知能などもある。さらに，生物相互の関係や，生態系の構築なども，生命のもつ「**秩序**」ということができる。進化のしくみはまだ十分には解明されていないが，これも究極的には生命の「**秩序**」に含めることができる。こうした異なる階層にわたることがらのすべてが，「**生命の秩序**」の内容であり，それはシュレーディンガーがもともと考えた内容とは大きく異なっている。本書の前半で，ずっと書い

てきたことのすべては，この「**生命の秩序**」の中身を説明するためだったのである。しかしこのような書き方では，生命の秩序の中身が，雑多なものの寄せ集めであるかのような印象を与えてしまう。もっとまとめて表現する努力をしてみたい。

### 生命の秩序構造

**生命の秩序**には，二つの特徴がある。一つは，たくさんのサイクルが集まって共役して働くことにより，一つ一つのサイクルが異なる役割，異なる回転速度をもっていても，全体として，サイクルが加速されることである。このことのイメージは，経済のサイクルを考えればすぐにわかる（8・4節）。一人一人は，別の場所に暮らし，別の仕事をしていて，別の生活習慣，生活リズムをもっているが，経済的にも文化的にも，お互いにつながり合っていることで，それぞれの暮らしがより暮らしやすいものになる。このような社会全体として，異なるものがまとまっていることが，社会の秩序である。全員が同じことをして同じことを考えることではない。一つ一つのサイクルは，それぞれの駆動力をもって回転しているが，たくさんのサイクルが集まって共役することにより，個性や多様性を増しながら，全体のエネルギーの流れが加速する，つまり経済が発展する，ということが起きる。

多様性をもった構造は，活気の表れである。ちょっと考えると逆のようだが，発展する定常システムの示す多様性はエントロピーの減少を意味する。本当はもっと多様化するところを，システムのいろいろな制約のために少なめになっているからである。**生命の秩序構造**という場合，構造という言葉は，ものの物質的な組み立て方ばかりでなく，このようなサイクルの種類と共役のしかたにもあてはまる。異なる要素が互いに協調的にシステムを機能させるとき，適度に多様化することが有利である（**12・4**節）。同じことは，生態系を作り上げる生物集団についても，個体を作り上げる個々の細胞についても，また，細胞内のそれぞれの代謝系についても，代謝系を構成する酵素に

## 11・7 積み重なる生命秩序

ついてもいえる。

　もう一つの特徴は，生命の各階層の秩序構造を規定しているのが，究極的には**遺伝情報**であり，逆に，遺伝情報を複製し，伝達し，発現させることが，結果的に「生命の秩序」の目的だということである（目的論ではなく，目的律）。細胞内に閉じ込められている遺伝情報が，細胞，個体，生態系，進化の各階層に対して支配を及ぼしているということ自体，生命の驚異でもある。

　「生命の秩序」は，シュレーディンガーの言う通り，何らかの形での**エントロピーの減少**を意味する。代謝物質については，エントロピーというよりも自由エネルギーを考えればよいだろう。遺伝情報のエントロピーについては，情報科学からの説明が必要である。さらに運動，細胞分化，生態系，進化などになると，何をもってエントロピーとするのか，だんだんと難しくなる。基本的には，次の章で検討するように，多様性や不均一性をもって指標とすればよいはずである。これらの秩序は，下の階層にあるたくさんのサイクルが相互に結びつくことによって生ずる散逸構造にも似た自己組織化で，いわば「わきあがる」作用である。

　注意して頂きたい点は，ここで扱う階層的秩序は，水が水車を回し，それによって粉をひくというような，直列的な相互作用の連鎖ではなく，たくさんのサイクルが一見無秩序に相互作用する中から，**自然とわきあがってくる**不均一性だということである。直接的な因果関係はないが，システム全体としては原因と結果の関係になっている。全体として何が起きるかは決定されているが，具体的にどこにいつどんな形の秩序が生ずるのかは，決まっていないというような種類の集団的現象を指している。こうした場合，古典的な決定論は，あてはまらない。散逸構造の場合，「ゆらぎ」が関わっている（**11・5節**）。しかし，これが生命現象となると，実際に生ずる秩序が事細かに指定され，再現される。それを可能にするのが，**遺伝情報**である。しかし，生物と遺伝情報との関係は，単純ではなく，両者あいまって進化してきており，相互に矛盾のない関係（無矛盾関係，無撞着(むどうちゃく)関係）ができているために，遺

伝情報がきわめて合目的的と思われるのである．基本的には，多様性や不均一性をもって，その指標とすればよいと思うが，それについては次の章で検討したい．

なお，宇宙から生命にわたる**非平衡**による理解に関する本は，決して少なくない．プリゴジンの本 [35] やカウフマンの本 [41]，ゴールドスタインの本 [45] もそうだったが，最近では，スコットの本 [51] は壮大である．基本的には，私と同様の考え方だが，多くの現象を，エントロピーではなく，ソリトン（海のうねりのように，一つだけの波をもつ波動関数で考える理論）を中心として，あらゆる現象を理解しようとしている．カオス，凝縮系，流体力学，ブラックホールなどの物理・化学現象，タンパク質とDNAのソリトン的理解，成長と形態形成，生態系などの非平衡の生命理論に加えて，生命の還元論に対する反論を展開していて，興味深い本である（残念ながら，まだ，邦訳はない）．

# 第 12 章

# 部品からサイクルへ：
# 生命秩序とエントロピー差

　生命に関して，本書ではまず，生命体を構成する部品について，とくに，普通の物質でできた装置ではなかなか実現できないことを，ミクロな酵素が行っているということなどを述べた。いくつかの部品が一緒に働くことで，一連の代謝系を構成したり，情報伝達を行ったりすることも述べた。では，生物はこうした部品からできた機械なのだろうか。それにしても，「生きている」とは何だろうか。「生きている」というのは，物質と物質の関係，細胞と細胞の関係，さらに，個体と個体の関係など，ものの間の関係の中から浮かび上がってくるものではないだろうか。

## 12・1　生命のもう一つの科学を探す

　大学では，卒業研究や修士課程の学生が生物系の研究室に入ると，「生物の研究は，いろいろ難しいことを考えるよりも，結局，何か新しい物質を発見するのが一番だ」ということで，なにか適当な，まだ機能のわからない遺伝子の研究に落ち着いてしまうことが多い。しかし，よく考えると，ゲノムが解読されたシロイヌナズナにしてもヒトにしても，存在するすべての遺伝子は，「記述されている」という意味では，一通りわかっている。ある現象に興味があるとして，それに関連した遺伝子を一つ見つけることに，どれだけの意味があるのだろうか。考えようによっては，どんな現象にも，すべての遺伝子が関わっていると言うこともできる。

　生物ははじめからそこに存在して機能しているため，一から実験系をくみ

上げてゆくという，有機化学や素粒子論のような実験は不可能である。そのため，遺伝子を壊したり，薬剤を加えたりして，系を少し変化させることによって，ある遺伝子や酵素が，注目する現象に「関わっている」ことを見つけ出すのが，生物学の研究である。その意味では，本当はすべての遺伝子がそれぞれの現象に関わっていて，ただ，注目した遺伝子の関与の仕方が独特であるというに過ぎない。そのため，生物学の論理は，基本的に「反証不能」なものであり，少しずつ新しい知見を継ぎ足す方式で，理論が構築されている。これは，やむを得ないことなのだが，そのため，現在の生物研究者の役割は，自分が研究対象とする現象に関わる遺伝子を特定することに偏っている。しかし，個別の遺伝子を離れた見方はないのだろうか。

清水 博の『生命を捉えなおす』[1] は，「生きている状態とは何か」という副題の通り，生命を部品の集まりとしてではなく，全体として捉えようとした本である。1978年に出版されたものであるが，分子生物学がこれから全盛期を迎えようとしている当時に，ずいぶんと思い切ったことを主張したものだと感心させられる。そこでは，分子生物学などをアトミズム（原子論）とし，それは対象を微視的観点から捉えるばかりでなく，動的な対象を静的な状態に分解してしまうという。それに対して，

「自然界には本質的に動的な現象が存在します。発生，成長，進化，消滅などといわれる諸現象がこれです。このような現象は，一般にたくさんの要素が寄り集まってできている体系にはじめて見受けられる点に注意すべきです。発展，進化のように逆行できない（不可逆）現象は，数多くの要素が同時に存在する体系でなければ出現しないのです。したがってこのような自然の動態はアトミズムだけでは捉えられないのです。」（[1]: 17ページ）

といって，「もう一つの生命の科学」ともいうべきものを宣言している。こ

れは，私たちの参考になる考え方である。清水は医学／薬学が専門ということで，筋肉などを題材として記述しているが，光合成の重要性に言及していないのは非常に残念である。さらに，増補版でも20年前の本のため，分子進化や発生などについて，具体的に議論するところまでいっていない。それでも，エントロピーなど物理的な原理について詳しく解説し，**動的協力性**による秩序形成などについて論じている。物理学者も同時代に同じような議論をし始めたが，生命科学の研究者が，この時期にこのような立場を表明したことは画期的であった。本書では，その先をさらに進めてゆきたい。

　生命というのは，サイクルがめぐっていて，それが他のサイクルとめぐみあっている。生命の理解というのは，特定の物質を単独でとらえて，これこれのものが重要であるというようなものではない。むしろ，**生きている全体**が問題なのではないだろうか。個別の遺伝子が他のものに置き換わったとしても，それで全体がだめになるわけではない。たとえば，生物時計は多くの生物に備わっているが，それを構成している物質は，生物ごとにまったく異なることがわかっていることなどは，このよい例である（**2·2**節）。全体として，サイクルがどうなっていて，他のサイクルとどのように関係しているのか，それが問題である。これまでも述べてきているようなさまざまなサイクルが階層的に重なっていて，一つのサイクルが一つ上の階層で新たなサイクルを生みだすことがなぜできるのか，それが問題なのではないだろうか。つまり，生命がどうして「**わきあがる**」ことができるのか，ということである。

## 12·2　生命のサイクルとエントロピー差

　生命を，散逸構造 [35] による自己組織化 [41] と見なす考え方があることは，**第11章**で触れた。これは，生命体を作り上げる個々の部品に注目するのではなく，それらが集まった状態について考えるものである。その場合，系の挙動を記述するのは，エネルギーやエントロピーといった熱力学的な変数である。ここで注意しなければならないのは，散逸構造と見なせる場合と，

そうではなく，単に化学反応で理解すればよい場合があることである．代謝に関しては，無理に散逸構造を考える必要はないかもしれないが，形態形成や生態系などについては，散逸構造として理解してもよい場合があると思われる．

すでに**図3・8**で示した**代謝と細胞周期の共役**は，「階層的生命モデル」のプロトタイプということができる．そこでは，一つのサイクルが，非平衡な流れによって駆動され，さらに別のサイクルを駆動している．「**生命モデル**」は遺伝子を矢印で結んだ図式（**図6・5**，**図6・6**など）とは異なり，全体のフロー（つまり流れ）を示したものである．こうすることによって，個別的な問題を離れて，全体をまとめることはできるのではないだろうか．

サイクルを動かす原動力として，「**エントロピー差 entropy deficit**」を考えることにする．エントロピーを低下させるしくみが生命の理解に重要であることは，シュレーディンガー以来，議論されてきた．これまで，エントロピーは，主に代謝の面で議論されてきた．しかし，**情報**と**エントロピー**は相互に置き換えることができる．つまり，遺伝情報こそが，生命のもつ「低いエントロピーの担い手」として考えられる．「低い」というときに，何と比較して低いのかが問題である．ここでは，可能なエントロピーの最大量からの低下分を，エントロピー差と考えるという立場を説明する．

代謝のエントロピーと遺伝情報との関係は，これまでの生命論において十分に議論されてきていない．さらに生命を成り立たせているエントロピー差のそもそもの源泉は，光合成であるはずなのだが，光合成におけるエントロピー収支については，正しく理解されていない．生命はいくつかの階層をもっていて，それらを駆動するしくみがエントロピー差というだけでは不十分である．それぞれの階層におけるエントロピーの担い手は何であり，どのようにして上の階層を駆動するのだろうか．以下に簡単に説明したい．なお，詳細はいくつかの解説記事に記した [43] ので，そちらを参照していただきたい．

## コラム 12-1 エントロピーと自由エネルギー

　化学反応が自発的に進むかどうかを決めるのは，内部エネルギーが低下するかどうかが，第1の要因である。これは，物体が重力に従って落下するときに，位置エネルギーが低下するのと同じである。したがって，何でも，エネルギーが低くなる方向に進む。しかし，内部エネルギーが下がると，その分のエネルギーが外に熱として出る。つまり，発熱反応である。ところが，自発的に起きる反応がすべて発熱反応というわけではない。塩（塩化ナトリウム）は水に溶かしても温度が変わらないが，塩化カリウムを水に溶かすと冷たくなる。これは吸熱過程である。では，吸熱反応がなぜ自発的に起きるのか，ということの説明として，エントロピーを考える。

　塩化カリウムは，水の中で，塩化物イオンとカリウムイオンに分かれて分散する。本来，プラスの電荷をもつイオンであるカリウムイオンと，マイナスの電荷をもつイオンである塩化物イオンは，強く引き合うので結晶ができるのだが，水分子がそれぞれのイオンを取り囲んで安定化することにより，離れることが可能になる。そうすると，これまで結晶の中に閉じこめられていたそれぞれのイオンが，水の中という広い空間に拡がってゆくことができる。

　どんなものでも同じだが，ものを狭いところに押し込めておくのと，広い空間に解き放つのでは，後者のほうが起こりやすい。もう少し数学的に考えてみる。空間を細かい升目(ますめ)に分割したとして，それぞれの部屋にものを詰めていくとする。その場合，全部で100個の小部屋があるとして，10個のボールを詰める方法を考える。これは「場合の数」の計算をすればよい。全部で $100! / (90! \times 10!) = 1.73 \times 10^{13}$ 通りとなる（びっくりマークは階乗を表す：たとえば，$3! = 3 \times 2 \times 1$）。これを $W$ で表す。ところが，そのうちの端の10個の小部屋に10個のボールを詰める方法は1通りしかない。だから，10個のボールを適当に放り込んだときに，うまく端の10個の小部屋に収まる確率は

きわめて低く，$0.57 \times 10^{-13}$ 程度である。人間が見たときに，全体に散らばっていると思える状態はたくさんあり，区別することはできない。だから，散らばっている状態のほうが，一か所に集まっている状態よりも，場合の数が多いことになる。これがエントロピーの考え方の基本である。実際にエントロピー $S$ を計算するには，$W$ の自然対数（対数については**コラム 12-2** 参照）をとって，さらにボルツマン定数 $k_B$ ($= 1.38 \times 10^{-23}$ J K$^{-1}$) を掛ける。

$$S = k_B \log W$$

この例では，$S = 4.21 \times 10^{-22}$ J K$^{-1}$ となるが，この量は，小部屋の数が増えると急に大きくなる。

　空間に余裕があれば，分布する場所が拡がるのは自然のことで，この傾向のことを「エントロピー増加」として表す。つまり，$\Delta S > 0$ である（ここで $\Delta$ は，デルタと読み，$S$ の変化量を表している）。最初に戻って，化学反応が自発的に進むかどうかは，このエントロピーも加味して考える必要がある。それには，エントロピー変化 $\Delta S$ に絶対温度 $T$ を掛けた値 $T\Delta S$ と内部エネルギー値 $\Delta U$ とのバランスを考える。ヘルムホルツ自由エネルギー $F$ の変化は，次式で計算される。

$$\Delta F = \Delta U - T\Delta S$$

また，一定圧力 $p$ 下での体積変化 $\Delta V$ による仕事 $p\Delta V$ を加味して計算するときには，エンタルピー変化 $\Delta H = \Delta U + p\Delta V$ を用いて，

$$\Delta G = \Delta H - T\Delta S = \Delta F + p\Delta V$$

を用いる。これがギブズ自由エネルギー変化であり，通常，化学反応の進む方向を判断するのに使われる。$\Delta G < 0$ ならば，反応は自発的に進む。

　最初の塩化カリウムの溶解では，$\Delta H > 0$ だが，$\Delta S > 0$ が大きな正であるため，$\Delta G < 0$ となることにより，吸熱反応でも自発的に進むのである。

## 12·3 いろいろな顔をもつエントロピー

**エントロピー差**は「めぐむ」力の本体であるというのが，本書の考えであるが，その説明をするために，まず，エントロピーの概念について整理しておきたい。なお，エントロピーについては，さまざまな優れた解説書 [37, 44, 45, 46] が出ているので，参照されたい。エントロピーを「無秩序さ」などと表現することがあるが，必ずしも適当な言い方ではない。また，これまでのいろいろな書物では，エントロピーそのものとエントロピー差を分けて考えなかったことが，混乱の原因であった。

**エントロピー**の意味は，学問分野によってさまざまであり，熱力学での定義もあるが，ここでは，統計力学における定義（**コラム 12-1**）と情報科学における定義を紹介したい。マクロには同じに見えながら，ミクロに区別できる状態 $i$ がいくつもあり，それぞれの生ずる確率が $p_i$ で与えられるならば，次の式でエントロピーが計算できる。ただし，$p_i$ の総和は 1 である。対数は自然対数とする（対数については**コラム 12-2** 参照）。また，$k_B$ はボルツマン定数（$1.380 \times 10^{-23}\,\mathrm{J\,K^{-1}}$）である。

$$S = -k_B \sum_i p_i \log p_i$$

これとよく似た形の式で，情報理論のエントロピー（平均情報量とも呼ぶ）が定義される。

$$H(P) = -\sum_i p_i \log p_i$$

ここで，$p_i$ は事象 $i$ が起きる確率で，$p_i$ の総和は 1 である。$p_i$ のセットを $P$ で表す。この情報エントロピーは上記の統計力学におけるエントロピーとは，ボルツマン定数倍を除いて一致するが，一般には，対数の底を 2 とするので，こうして得られるエントロピーの単位を**ビット**と呼ぶ。ごく簡単な例を示すと，コイン投げでは，表が出るか裏が出るかの 2 通りである。それぞれの場合が上の $i$ で指定される。どちらの確率も 1/2 なので，1 回コインを投げた

> **コラム 12-2　対数について**
>
> 　二つの数を比較するのに，差で考えるときと，比で考えるときがある。比で比べるのが対数の考え方である。
> 　ものの値段が，はじめの1年間に2倍変化し，次の1年間に2倍変化すると，全体で4倍の変化になる。このとき，時間ごとの量は1，2，4と変化するからといって，変化の速度が2年目には2倍になったとはいえない。むしろ，変化の倍率は一定であると考える。そのとき，2倍になるのを基準とすると，はじめの1年間で基準の変化が起き，次の1年間でまた基準の変化が起きたことになる。仮に1年間で4倍になるなら，基準の2倍の変化が起きたことになる。この「基準の変化」をもとに考えるのが対数である。この場合，2倍になるのを基準としたので，2を底とする対数と呼ぶ。基準が違うと対数値は違ったものになる。だから基準はいつも同じにしなければならない。
> 　10を底とする対数を常用対数と呼び，logで表す。常用対数であることを明示したいときには，$\log_{10}$と書くこともできる。2を底とする場合，$\log_2$と書く。これに対して，特殊な数e（約2.718）を底とする対数を自然対数と呼ぶ。数学では，自然対数を単にlogと書くが，自然科学ではlnと書くことも多い。

ときの平均情報量は

$$H(1) = -2 \times \left(\frac{1}{2}\log_2 \frac{1}{2}\right) = \log_2 2 = 1 \quad （単位はビット）$$

となる。

## 12・4　不均一性で秩序を表す

　エントロピーは「乱雑さ」や「無秩序さ」を表すということが，一般的な書物にはしばしば書かれているが，これは，正確とはいえない。ここで，$S$

12・4 不均一性で秩序を表す

はある系のエントロピー，$S_{max}$ は，同じ系のあらゆる変数を可能な限りランダムにした場合に得られるエントロピーの最大値とする．$I = S_{max} - S$ を，**エントロピー差**または**不均一性**と定義すれば [43]，これを最大エントロピーで割ったもの($O = I / S_{max}$)が，規格化された秩序の尺度である [58]．ここで，$O$ は 0 から 1 までの値をとる．

　日常感覚では，不均一が乱雑であるように思われるかも知れないが，自然に放置したときに行き着く先の状態が，エントロピーの大きな状態，つまり均一な状態である．不均一なのは，ほったらかしではできない，何か外力が加わって生ずる秩序がある状態である．エントロピー差というのは，いかにもわかりにくい印象があるので，この先の議論では，概念を伝えたいときには，よりわかりやすいと思われる「**不均一性**」を，エントロピー差の代わりに使ってゆくことを，あらかじめお断りしておく．

### 遺伝子の情報量

　遺伝子の**配列情報**を考えた場合，塩基をまったくランダムに，つまり，一つずつくじ引きで並べるあらゆる場合を考えると，エントロピーは最大となるが，それには何も情報は載っていない．DNA の配列では，4 種類の塩基があるが，それらがランダムに出現するとすると，1 塩基あたりの平均情報量は，$H = \log_2 4 = 2$ ビットである．$N$ 塩基からなる DNA では，$2N$ ビットとなる．これは，$S_{max}$ に相当する．実際に 1 通りの配列に決まっている DNA では，$S = 0$ であるので，エントロピー差 $I = S_{max} - S$ は $2N$ ビットである．同様の計算により，タンパク質なら，$(\log_2 20) \times N = 4.32N$ ビットとなる．ただし，どちらも，すべての塩基やアミノ酸の出現確率が等しいとした場合の値である．出現確率に偏りがあると，$S_{max}$ が少し小さくなる．さらに，現実の配列では，変化しても差し支えない部分も多い．その部分については，複数の可能性が残るため，それだけ，$S$ が大きくなる．これらの結果，$I = S_{max} - S$ は少なくなる．実際の推定値は，タンパク質の場合，1 残

> **コラム 12-3** 情報量の計算
>
> 具体的な例で，DNA の情報を計算してみると，不均一性と情報量の関係がよくわかる。
>
> DNA の一つの塩基について考える。その塩基に関して，平均情報量は，本文にあるとおり，$S_{max} = 2$ ビットである。これは，その塩基が A, T, G, C のどれでもよいことに相当する。しかし，現実の DNA では，いろいろな生物を比べたときに，その位置には A だけしかないかも知れない。そういうときには，$S = \log 1 = 0$ となり，$I = S_{max} - S = 2 - 0 = 2$ である。なお，この話では，対数の底は 2 とする。
>
> これに対し，いろいろな生物で，その位置には，A と G だけがあり得るとする。そうすると，$S = -1/2 \log(1/2) - 1/2 \log(1/2) = \log 2 = 1$ なので，$I = S_{max} - S = 2 - 1 = 1$ となる。
>
> さらに，もしも，8 種の生物の DNA 配列を見たときに，A が 4 種で，G が 2 種で，T と C が 1 種ずつで見られたとする。そのときには，
> $S = -1/2 \log(1/2) - 1/4 \log(1/4) - 1/8 \log(1/8) - 1/8 \log(1/8)$
> $= 1/2 + 1/2 + 3/4 = 7/4$ となり，
> $I = S_{max} - S = 2 - 7/4 = 1/4$ となる。
>
> データの偏りが大きいほど，不均一性 $I$ は大きくなることがわかる。

基当たり約 2.0 〜 2.5 ビットといわれている [57]。いずれにしても，こうしたエントロピー差が**情報量**である（**コラム 12-3** 参照）。

**不均一性が秩序構造形成の駆動力**

特別な努力をしなければ，情報はやがて消えてゆき，**不均一性**もやがて消失する。これを言い換えると，エントロピーが増加するということになる。宇宙全体ではエントロピーは増加，つまり，不均一性は減少する。しかし，このことは，**局所的な不均一性**を作る可能性を排除しない。ただしそれには，

## 12·4 不均一性で秩序を表す

作られる不均一性以上の量の不均一性を消費して均一にする必要があり，全体としての不均一性は減少する。これが秩序構造形成の駆動力である。エントロピーというのはどうも魔法の言葉のようで，どうしても誤解しやすいが，エントロピーが少ないことを「**不均一性**」とイメージして考えれば，まず間違うことはない。

### 応用範囲の広い不均一性

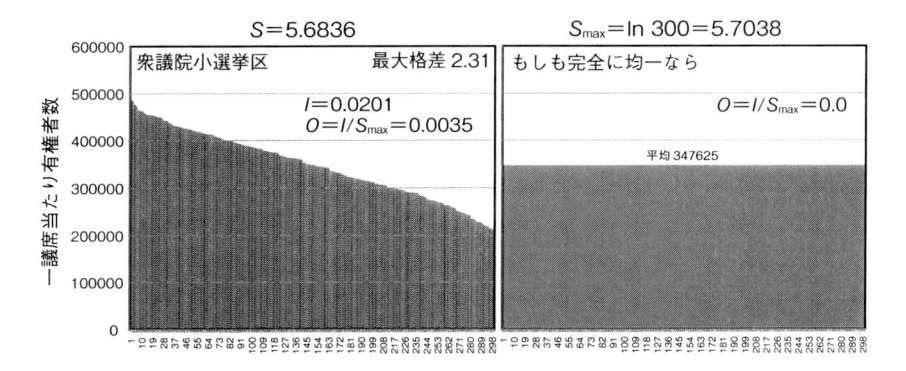

図12·1の左の図には，衆議院小選挙区における，議員定数当たりの有権者数の統計を示す。世間では，一票の格差の最大値で議論しているが，格差の分布の全体を考えてみる。この**不均一性**（これを秩序と呼ぶのは日常感覚として適当ではない）がなかったとすると，右の図のようになる。計算される $S$ と $S_{max}$ の値はかなり近いが，$I = 0.0201$ となる。もしも，一票の価値が生存にとって非常に重要なことであって，人々が一票の価値の高いところを求めて移動するとすれば，このような格差は自然に解消するはずである。しかし，格差が維持されているのは，単に区割りが悪いというばかりでなく，人間が自分の住む場所を決めるときに，別の価値観によっているからでもあ

**図 12·1　国会議員定数当たりの有権者数の格差**
（[98] に基づく筆者原図）

る。異なる二つの価値観の対立の中で，格差構造が維持されているということは，構造を壊すエントロピーの力と構造を作る不可逆的な駆動力が対立するという，超細胞構造形成（5・2節），散逸構造形成や生命の秩序構造（11・5節，11・7節）と同じである。このように，不均一性あるいはエントロピー差は，人間社会の事象にまで幅広く適用できる便利な概念である。

### 進化も不均一性で表す

**進化**は，過去の生物から現在の生物が，順に，いわば直線的に，生まれたように思われるかもしれないが，実は枝分かれの繰り返しである。Aという種がA1とA2という小集団に分かれ，その中でそれぞれに変異を蓄積し，そのうち，A1が生き残ってBになり，というようなことを繰り返したと考えられる。人類の進化を表した**図9・2**では，20種の**絶滅種**と1種の現存種が示されている。その場合，ヒトの祖先種から現存種までの進化の間には，21通りの可能性があり，そのうち1通りが選ばれたと考えると，$S_{max} = \ln(21) = 3.044$，$S = \ln(1) = 0$，$I = S_{max} - S = 3.044$ である（ここでは自然対数を使った。**コラム12-2**参照）。エントロピーは減少していて，その差$I$が獲得した不均一性，つまり進化の度合いを表している。ただし，この絶滅種20というのは，化石が残っていたものだけなので，本当はもっとずっと多いに違いない。

進化ではいろいろな生物種が多様化するので（**図10・2**），エントロピーは増大するように見えるかもしれない。しかし，現生種の数$N$よりはるかに多いたくさんの種$N_0$が生まれたことを考慮し，そこから選択された結果と考えると，$I = S_{max} - S = \ln N_0 - \ln N = \ln(N_0/N) > 0$ となる。残念ながら，実際の$N_0$を知る手段はない。しかし，中立変異の場合，集団の個体数$n$と変異率$x$から，集団全体で生じた変異の数は$nx$となり，そのうち$1/n$が固定されるので（[10]，および**9・2節**），$I = S_{max} - S = \ln n$となる。つまり個体数が多いほど，進化が進むことになる。多数の個体がそれぞれに，進化

## 12・4 不均一性で秩序を表す

の実験をしていると考えればわかりやすい。これは1世代の話なので，これに世代数をかけたものが，**進化のエントロピー差**である。

このことは，いわゆるボトルネック効果といって，集団のメンバー数が少ないと種分化が起きやすいという話と矛盾するように思われるかもしれない。実は，その場合にも，あらかじめ十分に多様化した上で，少数が選ばれることが前提であるので，話としては同じである。いずれにしても，たくさんの可能性の中から現存するある数が選抜されたわけなので，それだけのエントロピー差が生じた，つまりエントロピーは減少したことになる。これも生命の秩序構造の一つと考えられる。ただし，生命世界全体のエントロピーは増えている。

繰り返すと，進化では，一つの個体が変化して新しい個体ができるように誤解されがちである。それは，変態・メタモルフォーゼである。本当の進化は，多数の個体からなる生殖集団から一部が分離し，交雑を繰り返しながら変化してゆくもので，やがて，もとの集団とは交雑できないほどに変化してしまう。そのとき，実際には，いろいろな可能性が試されているが，現実に実現するのはその中の一つである。しかし，それは集団全体に共有された性質となる。さまざまな雑多な変動のなかから，新しいものがわきあがってくるのが，進化の姿である [22]。

# 第 13 章

# エントロピー差がめぐりめぐむ生命を生みだす

　代謝は「めぐりめぐむ」代表的な例なので，手始めに，エントロピーと自由エネルギーを使って考えたい。「めぐる」ものは物質だが，「めぐむ」しくみを説明するのが，エントロピー差あるいは自由エネルギーの継承である。生体エネルギー論に関しては，教科書 [2, 4, 5, 7] の他，文献 [49, 50, 54] などに詳しい。

　本章では，他の章とは異なり，数式や計算がかなりたくさん出てくる。難しいと感じる読者の方は，文章だけを追って，先に進んでいただいても構わない。述べたい内容は，図を見ながら進めば，大筋として理解できると期待している。なお，本章での説明の詳細については，前章に引き続き，別の記事 [43] を参照していただきたい。なお，熱力学データは，主に文献 [37] によった。

## 13·1　呼吸のエネルギーとエントロピー

　糖を酸素で酸化して，二酸化炭素と水を作るのが，**呼吸**である。その場合，糖はなぜエネルギー源となり，同じ炭素化合物でも二酸化炭素はだめなのだろうか。その違いは「**自由エネルギー**」にある。糖と酸素から二酸化炭素と水ができる反応

$$C_6H_{12}O_6 + 6O_2 = 6CO_2 + 6H_2O$$
　　　　　　（グルコース）（酸素）　（二酸化炭素）（水）

は，大きな自由エネルギーの減少をともなう。系の自由エネルギー $G$ とい

うのは，エンタルピー $H$ とエントロピー $S$，それに**絶対温度** $T$ の関数である（**コラム 12-1** 参照）。高校の化学で使われる熱化学方程式の場合は，系から出入りするエネルギーを式の中に書き入れる形なので，$\Delta H$ とは正負が逆になる。グルコースの酸化反応におけるエンタルピー，エントロピー，自由エネルギーの変化量はそれぞれ，

$$\Delta H° = -2808 \text{ kJ mol}^{-1}$$

$$\Delta S° = 259 \text{ J mol}^{-1} \text{ K}^{-1}$$

$$\Delta G° = -2879 \text{ kJ mol}^{-1}$$

である。単位は，モル当たりのキロジュール，または温度とモル当たりのジュールである（ジュールについては，**図 8・1** の説明文参照）。右肩に丸が付いているのは，反応に関わる物質すべてが，反応式にあるとおりの比率で含まれる標準的な場合の値である。グルコースの酸化では，大きな自由エネルギーの減少を伴い，同時にエントロピーの増加が起きる。**コラム 13-1** にあるように，エントロピーの変化は反応系内部の問題だが，エンタルピー減少（$-\Delta H°$）は反応系外への排熱を意味し，これも熱としてのエントロピー放出に相当する。このため，「世界全体のエントロピー変化」（$-\Delta G/T$）[37] は 9661 J mol$^{-1}$ K$^{-1}$ という大きな値になる。

## 13・2　すべての生命に「めぐむ」駆動力：光合成反応の不思議

今度は**光合成**を考える。光合成の反応式は，呼吸の逆反応として書くことができるので，標準自由エネルギー変化は，$\Delta G° = 2879 \text{ kJ mol}^{-1}$ とプラスになる。生化学の常識としては，$\Delta G°$ が大きなプラスの反応は自発的に起きない。ではなぜ光合成は可能なのだろうか。

光合成は大きく二つの段階に分かれ（**3・2 節**，**4・1 節**），最初の段階（**光化学反応**と**電子伝達反応**：**図 4・1 左**）では，自由エネルギー保持物質 **ATP**

### コラム 13-1　エンタルピー変化もエントロピー変化の一種と考える

　ここで，自由エネルギー変化について，さらに考察する。$\Delta G$ の意味について，[37] に出ている説明を紹介する。それによると，

$$-\Delta G/T = -\Delta H/T + \Delta S$$

を考える。今考えている化学反応が起こるところを「系」と呼び，それ以外の世界を「環境」とする。ここで，$-\Delta H/T$ は系から外に出た熱量による環境のエントロピー変化を意味している。$\Delta S$ は系の内部でのエントロピー変化であるので，左辺は世界全体でのエントロピー変化に相当する。自由エネルギー変化 $\Delta G$ が負であるということは，系と環境を合わせた世界のエントロピー［$-\Delta G/T$］が増大することを意味している。

　このように，エンタルピーの減少も，エネルギーの空間分布が広がるという意味で，エネルギー分布に注目したときの一種のエントロピー増大として理解することができる。発熱反応では，分子内に蓄積されたエントロピーを空間的なエネルギー分布のエントロピーに変換している。ものでもエネルギーでも，不均一な分布が解消する方向に反応が進むと考えることにより，統一的な理解ができる。

と還元剤である **NADPH**，それに酸化剤である **酸素** を生成し，後の段階（炭酸固定反応：図3·7）では，ATP と NADPH を使って，**二酸化炭素から糖** の合成を行う。後の段階の標準自由エネルギー変化は $\Delta G^{\circ\prime} = -304\ \text{kJ mol}^{-1}$ であるので，反応は自発的に進む。このため，いったん ATP と NADPH ができてしまえば，あとはそのまま反応が進むと考えてよい。電子伝達反応に関しても，基本的には **酸化還元反応** なので，自発的に進行する。だから，最初に特別大きな自由エネルギーをもつ物質（強い還元剤と酸化剤）ができる

## 13・2 すべての生命に「めぐむ」駆動力：光合成反応の不思議

ところが問題なのである．結局行き着くところは，「光化学反応では，なぜプラスの自由エネルギー変化をもつ反応が進むのか」という点である．それは，外からエネルギーを供給する**非平衡系**だからである．高温を供給することで，仕事を取り出すことができる蒸気機関などが非平衡系のよい例である．

光には自由エネルギーがあるとか，負のエントロピーがあるという説明がなされることがあるが，それは正しくない．エントロピーは必ず正の値をとる．また，光を単独で考えたときには，自由エネルギーはゼロである：$G = 0$．熱についても同じで，エネルギーとエントロピーが打ち消し合うためである（[36] など参照）．しかし，これはあくまでも，孤立した容器に光や熱（放射）を閉じ込めた場合の話である．また，宇宙空間を進んでいるだけなら光は何も仕事をしない．光化学系を，温度が等しくない非平衡の系として考えて，光が光化学系に達した瞬間に自由エネルギーが発生するというのが，一番現実に近いイメージかもしれない（**図 13・1**）．謎めいた話のようだが，エネルギーは保存されるが，自由エネルギーは保存される量ではないためである．

光化学系の初期反応

```
        DP*A
         ↑↓         ⇌
         ‖              DP⁺A⁻
        光                      ⇌
         ‖                           D⁺PA⁻
         ↓
        DPA            他の物質による D⁺ の還元
                       他の物質による A⁻ の酸化
```

自由エネルギー →

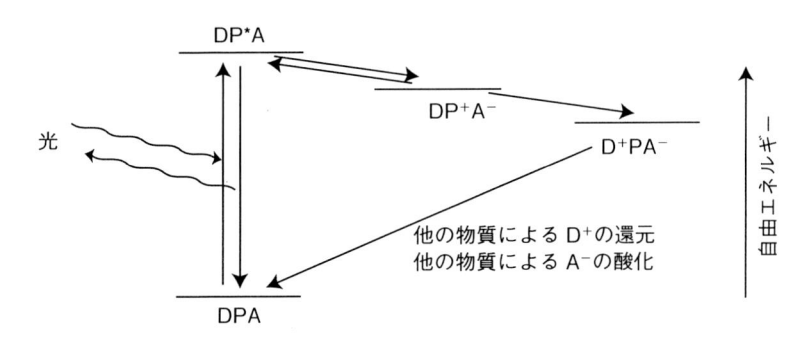

**図 13・1　光化学系の初期反応における自由エネルギー変化**
　　　光の吸収は可逆的過程で，吸収により，自由エネルギーが獲得される．
　　　P は反応中心クロロフィル，D は電子供与体，A は電子受容体を表す．
　　　励起された P* から A に電子が移ることで，最初の反応が起きる．

## 13・3 光が与える「めぐむ」力：
### 光化学反応で蓄えられるエントロピー差

**太陽光**は，元来太陽の表面温度である $T = 5800$ K に相当する放射であるが，地球に到達し，植物の葉の中で散乱されると，光合成で実際に利用できる波長領域（400 ～ 700 nm）の光では，太陽光の実効温度（$T_r$）は約 1300 ～ 1000 K 程度と換算される。ここでは，[52] が使っている 1180 K を用いる。植物の温度を 25℃ (298 K) として，この温度差から，光合成のエントロピー生成は

$$\Delta S° = 11.50 \text{ kJ mol}^{-1} \text{ K}^{-1}$$

と求められる。グルコース酸化のエントロピー変化よりも，二桁ほど大きい。この大きなエントロピーが流れ，放出されることによって光合成の反応は駆動されている。

定常状態で光合成が行われているときの光化学系のエントロピー変化は，安孫子 [42] の計算によれば，1 光子当たり $\Delta S_p = h\nu_0/T_r = 176/1180 = 149$ J mol$^{-1}$ K$^{-1}$ となる。詳しい計算によると [53]，1 光子が吸収されるときの光化学反応に伴うエントロピー変化は，光強度によって変わり，光が強いとゼロ，弱いと $\Delta S_p = h\nu_0/T_s = 176/298 = 591$ J mol$^{-1}$ K$^{-1}$ までの値をとる（$T_s$ は光化学系の温度）。これを $\Delta S_p^{max}$ とする。

光化学反応における自由エネルギー変化の最大値は，1 光子当たり，

$$\Delta G° = h\nu_0 (1 - T_p/T_r) = 176 \times (1 - 298/1180) = 132 \text{ kJ mol}^{-1}$$

グルコース 1 分子を作るのに必要な 48 光子当たりでは，6336 kJ mol$^{-1}$ となる。これだけあれば，**13・2 節**のはじめで述べた光合成の $\Delta G° = 2879$ kJ mol$^{-1}$ を，十分にまかなうことができることが理解できる。光化学反応では，最初にできた**励起状態**の色素分子が，ここで計算したプラスの自由エネルギーを獲得する（**図 13・1**）。よく考えてみると，エネルギーの部分（上の式の第 1 項）

は決まっているので，自由エネルギー変化がプラスになる理由は，エントロピー変化（第2項）が少ないためである。これは「負のエントロピー」とまでは言えないが，上で示した $\Delta S_p$ の上限値（$\Delta S_p^{max}$）からの低下分，つまり，$I_p = (\Delta S_p^{max} - \Delta S_p)$ が「**エントロピー差／不均一性**」（**12・4 節**）として機能し，これがその後のすべての生化学反応の駆動力となる [43]。

なお，光合成で発生する熱は，葉からの蒸散によって水蒸気とともに体外に運び出されることによって，葉の温度は低く保たれている。光合成は蒸散によって駆動されているなどと書いている本もあるが，駆動力は光化学反応のところで得られるので，蒸散は駆動力とは関係ない [43]。

ここで考えたのは最適条件での光合成の話であるが，波長の違いによる損失や，光が強すぎるときに余分な光を熱として放出する非光化学的消光（NPQ）などを考えると，光化学反応だけでもかなりの損失があることも付け加えておきたい。

## 13・4　エントロピー差とめぐむサイクル

代謝では，**自由エネルギー**（エントロピー差／不均一性を含む）をやりとりすることによって，物質が変換されてゆく。これを，一般化した図式として表してみたい（**図 13・2**）。エントロピーにはマイナスの値はないが，変化で考えればプラスにもマイナスにもなる。先にも述べたように，自由エネルギー変化を絶対温度で割ったもの $[-\Delta G/T]$ は，宇宙全体のエントロピー変化を表していることになるので，物質の代謝を考えるときには，「エントロピー差」として自由エネルギー差を用いて考えればよい。つまり，$I = -\Delta G/T$ である（まぎらわしいようだが，**コラム 13-1** にあるように $-\Delta G/T$ は実質的にエントロピー差なのである）。しかし，それ以外の生命の階層に関しては，運動を別にすれば，エネルギー（エンタルピー）の部分がないので，情報や構造形成などをエントロピー差として考えればよい。

要点は，生物が活動や構造形成のために必要とするマイナスのエントロ

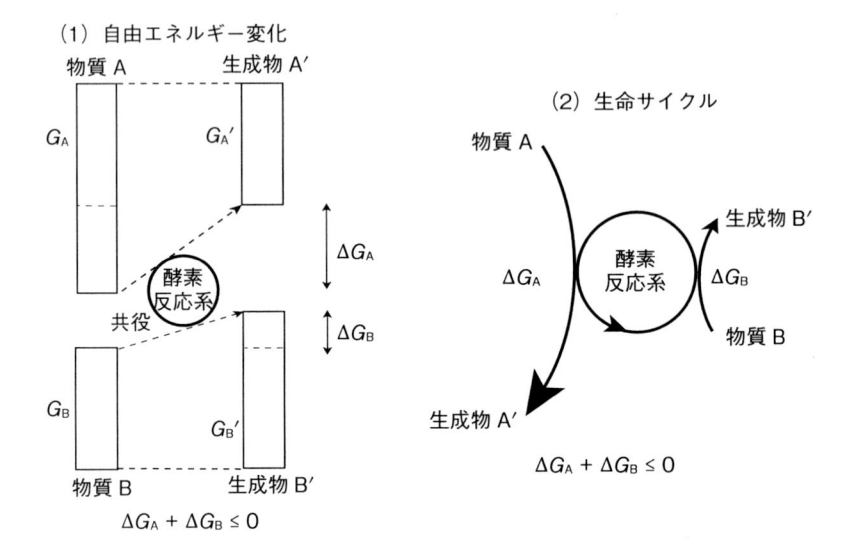

**図13・2　自由エネルギー差とめぐむサイクル**
(1) 可逆反応は，全体の自由エネルギー変化がマイナスになる方向に自発的に進む。ただし，反応物質を増やしたり，生成物を除去することで，標準自由エネルギー変化がプラスの反応でも，前に進めることは可能である。また，外からエネルギーを加えることができれば，反応を前に進めることは可能である。Bのように，単独では自由エネルギー変化がプラスでも，自由エネルギー変化が大きなマイナスの反応Aと「共役」させることができれば，反応は前に進む。(2) 同じことを，サイクルとして表示したもの。なお，これらの反応では，A, A′, B, B′は複数の物質であってもよい。プラスの自由エネルギー変化をもって作られた物質B′は，$\Delta G_B$だけの「自由エネルギー差」を獲得したことになる。なぜなら，B′がBに戻る次の反応において，同じ量の自由エネルギーが放出されるからである。本文の表現に直すと，$I = \Delta G_B / T$だけの，エントロピー差を獲得したことになる。

ピー変化を実現するために，系全体としてはそれよりもずっと大きなプラスのエントロピー変化（マイナスの自由エネルギー変化）を必要とすることである。上の計算結果をこの図式に当てはめて考えると，光合成の場合，全体で放出される $I = 21.2$ kJ mol$^{-1}$ K$^{-1}$ に対して，グルコース生成によって獲得される$I$（これは，将来このグルコースを呼吸で酸化したときに得られる自由エネルギーに対応する）は 9.66 kJ mol$^{-1}$ K$^{-1}$ にとどまる。全体のエントロピー増加に比べれば一部分（45.5%）が**エントロピー差（不均一性）**として，

その後の生命活動に利用できる形になったことになる。ただし，この計算は，光合成に必要な光量子の数の見積もりによって多少変わってくる。

次に，呼吸の場合についても考える。呼吸反応全体の $I = 9.66$ kJ mol$^{-1}$ K$^{-1}$ であるが，不均一性（自由エネルギー）のうちのかなりの部分が，別の物質の不均一性（自由エネルギー）という形で回収される。グルコースの酸化分解によるATP合成における自由エネルギーの保持率は39.2%となる（ATPの加水分解の自由エネルギーなどについては，図3・6の説明を参照のこと）。このように，光合成でも呼吸でも，自由エネルギーの大きな損失を伴い，そのほとんどが熱としてそのまま捨てられる。その損失は，システムを駆動するという「めぐる」作用にとって不可欠な「無駄」なのである。

## 13・5　めぐりめぐむ生命の基本単位モデル

ここからは生物の体全体を考えてゆく。生き物は，大掛かりな装置を使って，大規模にエネルギー代謝を行いながら，それに伴うエントロピー増加のほんの一部で相殺するだけの**エントロピー差（不均一性）**を，自分が利用できる形で獲得している。そこで，生命の一般化されたモデルを考えてみる（図13・3）。エネルギーの流れが，物質の「**めぐり**」を引き起こし，その中から，生物の運動や形態形成や遺伝情報の合成，ヒトならば知的活動などが生まれる。これらが次の基本サイクルに渡されることで，「**めぐむ**」作用が起きる。先に述べたように，代謝に関しては，エントロピー変化の部分を，自由エネルギー変化に基づく量 $[I = -\Delta G / T]$ として捉える。誤解のないように繰り返すと，このモデルは，川の流れが水車を回し，それによって粉をひくというような，直列的な因果関係を表した図ではないことに，注意していただきたい。あくまでも，一つ上の階層の秩序がわきあがってくることを表している。

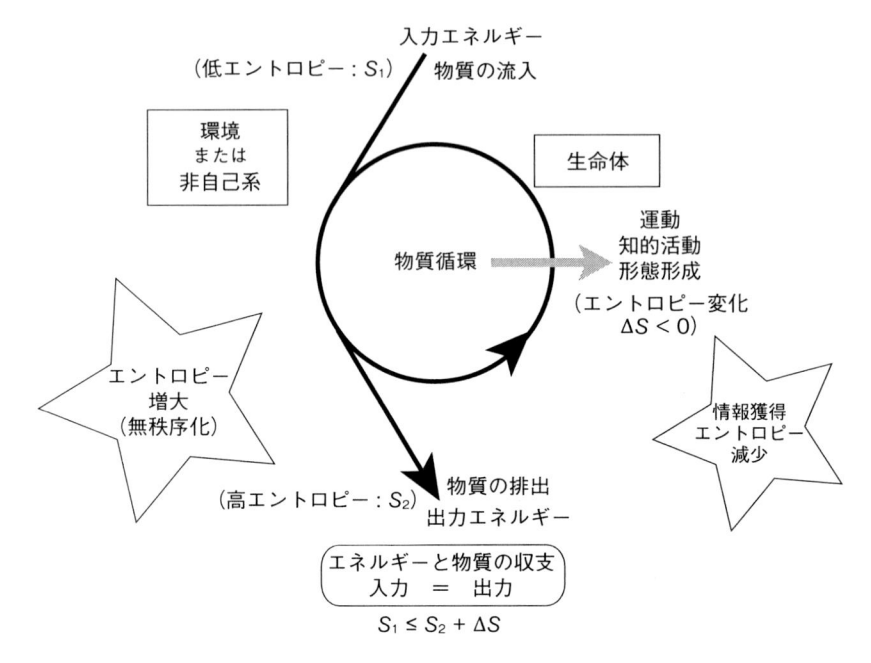

**図13·3 生命の一般化モデル**
主にエントロピー収支に注目して図式化した。エネルギーの出入りは釣り合っているが，エントロピーは余分に排出される。生命活動や生命体の構築は，エントロピー減少過程と考えられるが，全体のエントロピー変化はプラスである。なお，代謝に関しては，自由エネルギー変化 $\Delta G$ から計算される不均一性 $[I = -\Delta G/T]$ を，エントロピーの差の代わりに使って考える。

## 代謝の階層性と不均一性の保存

こうして見ると，シュレーディンガーが提案した「負のエントロピー変化」(11·4節)，つまり，**不均一性獲得**の意味がはっきりしてくる。ヒトを考えた場合，外部から摂取した食糧と酸素の反応における，大きな自由エネルギー減少に伴い，大量のエントロピーが生みだされ（つまり，均一化），それは体外に排出される。その連続的なサイクルによって，結果的に体内でエントロピーの低い状態，つまり，体の形成という不均一性獲得が起こるのだが，その両者は別のレベルで起こっている。

生体内の物質代謝では，高分子化合物を単量体に分解したり，単量体から

高分子化合物を合成する過程（代謝過程レベル1）と，単量体を分解して他の物質に変換したり単量体を合成する過程（代謝過程レベル2：解糖系など），および基本代謝物質の相互変換過程（代謝過程レベル3：クエン酸回路など）とに大別される（後の二つは**図 3・5**参照）．この区別はかなり重要で，多くの本で誤解が生じており，その点は『生命とは何か』[34]のあとがきで，訳者である鎮目恭夫も指摘している．

　代謝過程レベル1における高分子合成（**図13・4**および**図13・6右**）では，情報が蓄積される．すでに述べたように，情報は不均一性といってもよい．この情報の蓄積は，代謝過程レベル2と3において獲得される不均一性，つまりATPの自由エネルギーによって可能になっている．その意味で，レベル2における代謝を行うことによって，レベル1での情報蓄積を実現している．これら2種類の代謝の違いは，代謝過程レベル1では，物質の合成は脱水縮合により，分解は加水分解によって起きるので，分解方向で自由エネルギーを保存したり獲得したりするすべはない．それに対し，代謝過程レベル2と3では，有機化合物の酸化還元を，NADを介して行う．還元されてできるNADHは，ミトコンドリアの電子伝達系によって酸化されるときにATPを生ずる（**3・2節**，**4・1節**，**図13・6左**）．代謝過程レベル1における高分子化合物合成による情報蓄積を可能にしているのは，ATPである．単量体から高分子を合成する反応では，単量体分子を活性化するためにATPが使われるからである．さらに生体における不均一性獲得の別の形は，細胞内部や細胞自身あるいは体の運動であり，これもまた，ATPを利用して実現されている（**4・3節**）．

### 究極の「めぐむ」作用：情報分子の合成

　ここで，**情報分子**と**酵素**の合成系を，生命モデルに合わせて図式化しておきたい（**図13・4**，**図13・5**）．ATPとNADPHは代謝系から得られるもので，ここでは，始めから与えられているものとして描いた．なお，情報分子に与

情報分子の合成

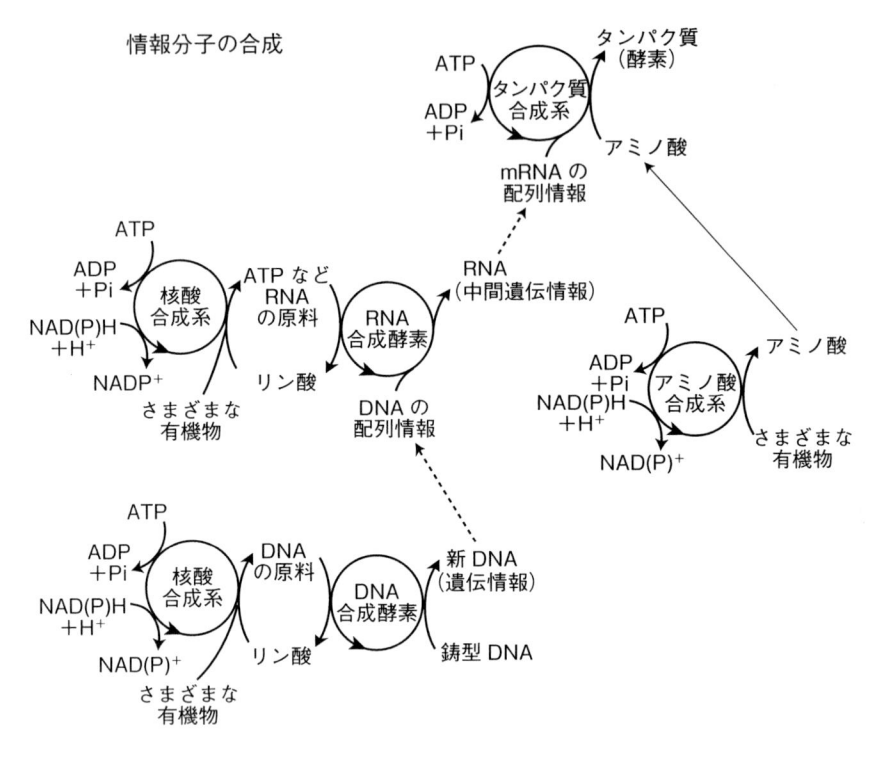

**図 13·4　情報分子である DNA，RNA，タンパク質の合成**
NAD と NADP をまとめて，NAD（P）と表している。

酵素の合成
（まとめ）

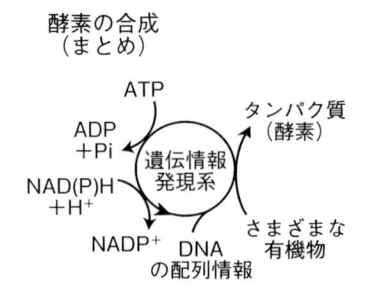

**図 13·5　タンパク質合成の簡略化した図式**
図 13·4 の内容を簡潔に要約するとこのようになり，
一般化された生命基本モデルと同じ形になる。

えられる情報自体は，鋳型となる遺伝子配列に由来している。

遺伝子の**配列情報**は，酵素タンパク質の**アミノ酸配列**を指定している。酵素タンパク質は，それぞれに固有の立体構造をもっている。こうした特定の構造をもつことで，特定の基質と結合し，効率のよい反応を起こすことができる。構造を形成するとエントロピーの減少が起きる。これと，配列情報のエントロピーの関係について，具体的に詳しい計算をした研究はないが，大筋としては，配列情報のエントロピーの一部が，構造のエントロピーに変わっていると考えられる [43, 57]。代謝では自由エネルギーで考えるが，情報はエントロピーで考えるしかない。代謝の不均一性または自由エネルギーを，情報量に変換していると考えることにより，生命のサイクルが階層的につながってゆくことが理解される。

## 13・6　代謝を越えて：めぐりめぐむ生命モデルの階層化

代謝では大量のエントロピーが発生するが，その一方でNADH，NADPHなどの分子の形でエントロピー差（自由エネルギー）を蓄え，それを利用して生体物質を合成する（**図 13・6**）。生体物質は，さらに細胞内で組織化されて，細胞構造を作り上げる。これは**生命の秩序構造**の始まりである。ここでは，**遺伝情報**によって各個体が類似の構造をもつことが保証されている。

### サイクルが集まると大きなサイクルがわきあがる

遺伝情報は，酵素などの生体機能分子に**不均一性**を与えることに使われる。このような考え方はこれまでにないが，筋書きとしては，次のように考えられる。特定の配列をもった高分子は，ランダムな配列の高分子に比べて，エントロピーが低いと考えることができる。反応の際には，酵素はその分だけエントロピーを増やす余裕ができ，それを活性化（自由）エネルギー（**38 ページ**）の低下に使うことにより，代謝や運動などをすることが可能になる。このようにエントロピー差により酵素活性を考えることについては，今後詳し

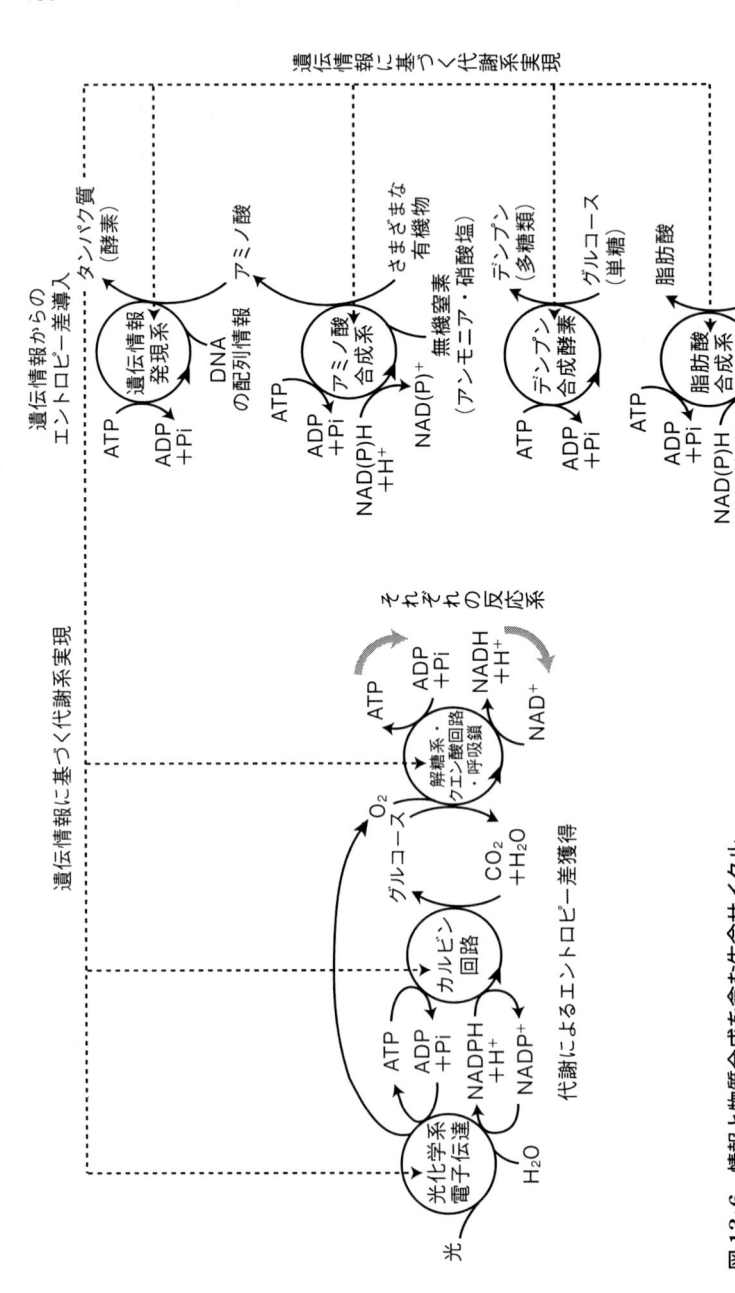

**図13・6　情報と物質合成を含む生命サイクル**

代謝サイクルによって得られるATPとNADPまたはNADPHは、いろいろな物質合成系で利用されるので、分けてエントロピー差として描いた。情報物質に蓄えられたエントロピー差としての情報量は、酵素のエントロピー差に受け継がれ、これがもつ情報によって代謝経路の詳細が決定される。

## 13・6 代謝を越えて：めぐりめぐむ生命モデルの階層化

く研究する必要がある。

代謝までは自由エネルギーで理解できる生化学反応の連続であるが，そこから細胞構造を作るところでは，遺伝情報に規定された酵素の働きを介して道筋のつけられた秩序構造ができると考えられる。さらに，生命が作る秩序構造は，分裂して増えてゆくことができる。また，たくさんの細胞が集まると，それによって新たな構造が生まれてくる。超細胞構造の形成は，その最も原始的なものと思われる。さらに細胞性粘菌の子実体形成や，簡単な多細胞体の形成などがあり，もっと複雑な多細胞生物がある (**5 章**)。また，個体の集団は生態学的な構造を形成する (**7, 8 章**)。生命体集団はさらに進化により多様化と個性化を遂げる (**9, 10 章**)。こうしたことのそれぞれが，生命の階層を形成しており，それぞれの階層において，大きなエネルギーの流れがあり，大量のエントロピーの排出が行われる。それにともなって，ごくわずかな秩序形成(不均一性形成,エントロピー差獲得,情報獲得)が行われる。これが「**わきあがる**」秩序である。これを一般化した図式として**図 13・7** に示す。一つ一つのユニットは，**図 13・3** に示した生命の基本サイクルを，作図の都合上，斜めにしたものである。

この模式図で，**下位の階層**を構成するサイクルが多数あり，その全体の不均一性が，**上位の階層**へと渡されると考える。つまり，上位の階層のサイクルが，下位の階層から「**わきあがって**」くるのである。**第 8 章**の生態系と経済のところで触れたように，めぐるサイクルがたくさん集まると，一つ一つのサイクルの回り方が違ってくることがある。また，違う種類のサイクルが集まって共役することにより，全体としてサイクルの回り方が加速されることもある。細胞内の代謝系の組織化，細胞集団のサイズや代謝，あるいは運動の不均一性，個体サイズの不均一性，細胞や個体の分業，また，進化における多様化などはこのタイプである。

さらに，個々のサイクルの空間分布が不均一になることもある。細胞集団の形成や生態系における集団形成などは，このタイプになる。各階層の獲得

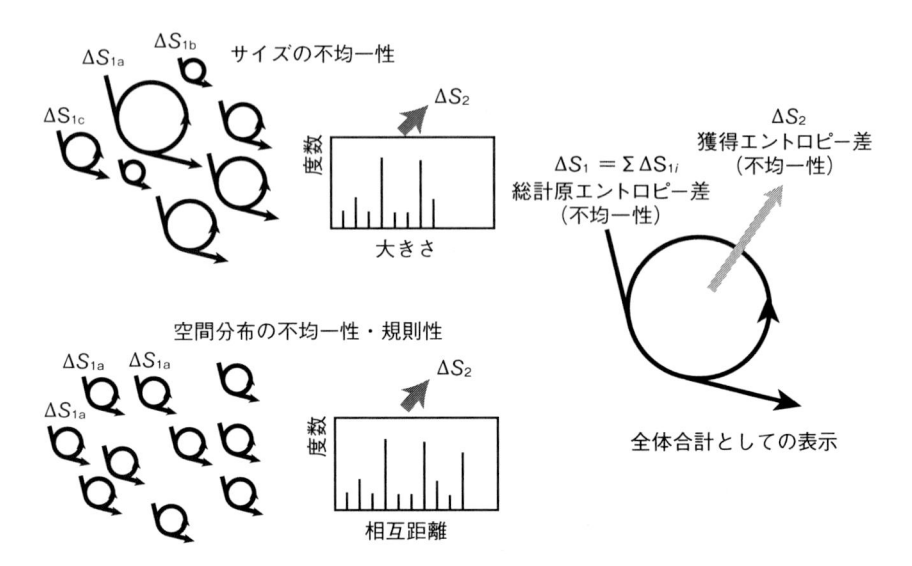

**図 13·7　多数のサイクルが集まってできる不均一性の概念図**
多数のサイクルが集まるときに，個々のサイクルのサイズが不均一になる場合と，サイクルの空間分布に不規則性ができる場合などが考えられるが，どちらの場合も，不均一性が生まれることになる。サイクル群全体をまとめて考えると，大きなエントロピー増大とわずかなエントロピー差獲得がある。つまり，大きな不均一性から別の種類の小さな不均一性が生まれる。

不均一性や，入力，出力の実体は同じではないが，どの段階でも，次の段階を駆動する不均一性を獲得することができる。経済の例で考えると，それぞれの個人はそれぞれの目的や能力をもって仕事をこなしているが，全体としての生産力は，個人の多様性に依存している。多細胞系でいえば，多様な細胞がそれぞれに機能することにより，個体の生存が可能になる。この場合，個別の細胞のサイクルの上に，個体のサイクルが作られる。具体的な例について計算することができればよいが，実例についての詳しい検討は今後の課題としたい。

## 階層的な秩序形成

「**不均一性獲得**」そのものは，無生物における散逸構造（11・5 節）でも起こっているので，生物特有とはいえない。ところが生命世界において，「不均一性獲得」のしくみ自体が複製して増えてゆくこと，また，基本的に同じ形のしくみができてゆくことは，遺伝情報に依存している。しかもこの「不均一性獲得」が，次第に拡大する異なる**階層**で繰り返されることは，生命の特徴である。**図 13・8** は，さらに一般的に，階層から階層へとエントロピー差が受け渡されてゆくようすを表していて，いわば本書の総まとめである。それぞれの階層には一つのサイクルしか示していないが，代謝系のように，一つのサイクルから次のサイクルへと，自由エネルギーを受け渡してゆく場合と，一つの階層にたくさんのサイクルがあって，サイクルの大きさや空間分布に不均一性がある場合（**図 13・7**）がある。どちらの場合も，一つの階層での不均一性の大部分はそこで解放されると同時に，その一部が，次の階層に新たな不均一性として渡され，新たなサイクルを生じさせる，つまり上の階層が「わきあがる」のである。図としては，一見直列的な因果関係として描かれているが，それぞれのサイクルの意味するところは，一つの階層における多数のサイクルの集まりであり，その中に集団としての不均一性が**わきあがってくる**ことが，次のサイクルへの入力として表示されている。

　これらのサイクル単位は，具体的な物質的な存在というよりも，サイクルという**現象**を指していて，「**めぐる**」単位である。基本サイクル単位が相互作用することが，「**めぐむ**」ということである。生命基本サイクルは，生命世界の異なる階層において，少しずつ異なる様相を呈しながら，積み重なっていると考えられる。その積み重なりにおいて，下の階層から出力された「不均一性」や情報量が上の階層に入力され，それによって，**階層的なサイクル**が成り立つ。この階層をつなぐのは，ものの不均一性だけではなく，遺伝情報が重要である。こうした階層的なサイクルは生命に特有のもので，無機物の世界にはない。実際には，各階層が 1 対 1 でつながらなくてもよく，複数

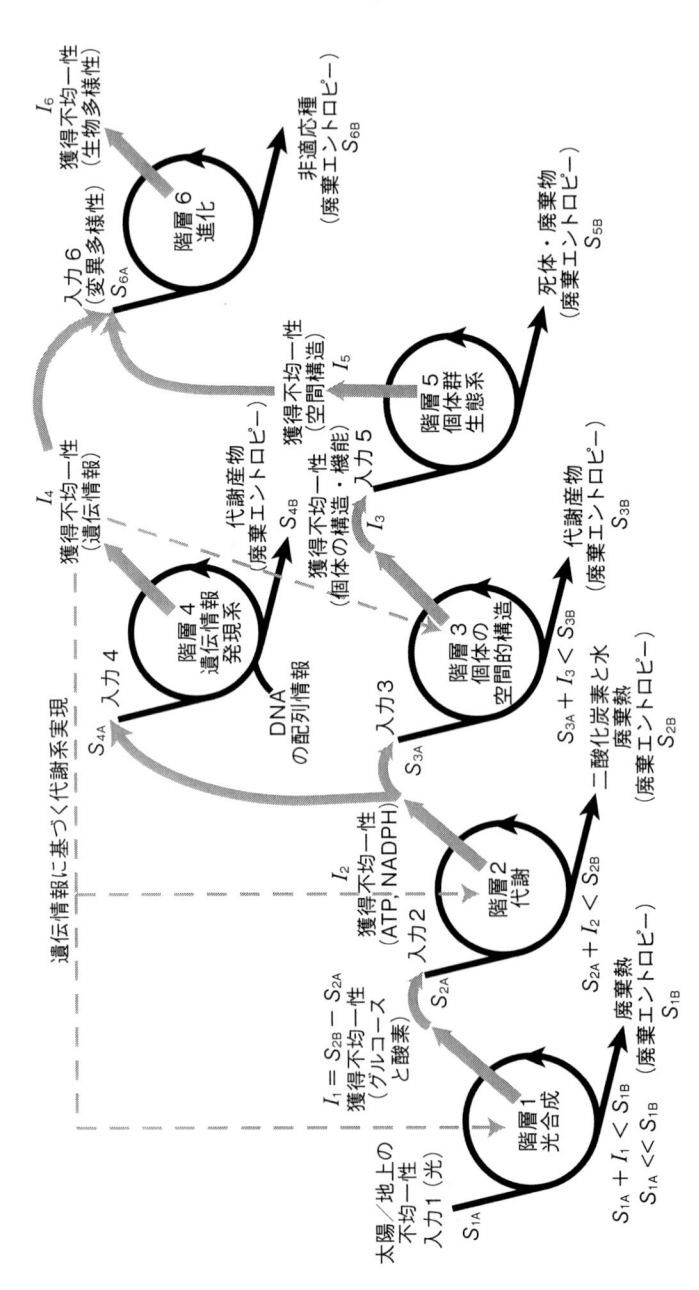

図13・8 めぐりめぐる生命の階層モデルの概念

代謝だけではなく、細胞、個体、生態系などに一般化した生命の階層モデルを示す（[143] より）。実際には、代謝の例にもあるように、それぞれの階層のつながりは一つだけではない。獲得不均一性は、次の段階で生成されるエントロピー増加に対応したもので、一時的に力を蓄えておくことに相当する。具体的には、還元力や ATP といった通常知られるエネルギー通貨物質、DNA の遺伝情報、細胞の形態や極性、個体を作る臓器のや ATP といった通常知られるエネルギー通貨物質、DNA の遺伝情報、細胞の形態や極性、個体を作る臓器の形態や特性、生態系を作り上げる各生物の消長などを、それぞれの階層での獲得不均一性として考える。

## 13・6 代謝を越えて：めぐりめぐむ生命モデルの階層化

の分岐があってもよい。

　生命は，こうした連鎖によって成り立っており，常に新たな不均一性を生みだしてゆく「**勢い**」である。この連鎖の最初は**太陽光**であり，最後は**進化**である。その意味では，進化ももとをたどれば，太陽の光エネルギーによって引き起こされていることになる。また，各階層において，遺伝情報の指示によって，実際にエネルギーが流れる道筋が決められている。人間社会も，この延長上にあると考えられるが，そこでは，言語にコードされた文化的情報が，人間同士をつないでいる。

# 第14章

# 「不均一性」から考える生命世界と人間社会

　生命の基本的なしくみを理解することにより，生命に関わる原理的な問題を考え直すことができる。また，今日の社会は多くの問題を抱えている。たとえば環境変動，食糧確保，経済危機，就職難，少子化などの国内問題ばかりでなく，南北問題つまり国レベルでの貧富の格差に根ざした戦争やテロもある。この章では，話を生命世界から人間社会に広げ，最後には心の問題まで考えたい。

## 14・1　「不均一性」から考える生命の原理

　プリゴジンは，**散逸構造**が生命の理解に使えると考えた（**11・5節**）。生命を**複雑系**の一種と考えるのは，物理学者にとってはすでに当たり前のようになっている（[38, 40] など）。しかし，多くの生物学者にとって，単なる振動やパターンでは，生き物に結びつくとは思えないに違いない。物理化学的な散逸構造では，大きなエントロピーの増加を伴う反応があって，そのときに，ゆらぎをきっかけとして全体的な**秩序構造**が作られる [35, 36, 38, 45]。生命には，散逸構造で理解できる部分があると考えてよいのだろうか。**自己組織化**は，非平衡系において，正の協調性によって作られる構造である [1, 41]。そのきっかけが**ゆらぎ**であれば，散逸構造であるが，自己組織化を起こすきっかけには，**遺伝情報**のようなものもあり得る。代謝も，情報伝達も，胚発生も，みな大きなエントロピー増加を伴いながら起きる**秩序構造**（不均一性）形成である。その秩序構造を指して，生命が散逸構造であるというのは，どこまで適切なのだろうか。というのは，生命に特徴的ないろいろな構造は，遺伝

子にコードされた発生プログラムに基づいて作り上げられていて，ゆらぎがきっかけで作られる散逸構造とは違うからである．それでも，すでに知られた例はある．魚の縞模様などは**チューリング・パターン（5・5節）**として考えればよいといわれている．

### 生物多様性

生物の不均一性で思い出すのが，**生物多様性**である．ともすると，珍しい絶滅危惧種を保存することに多大な努力をしている人たちがいる．それも，進化の歴史の記録という意味では重要なことであろうが，生物多様性を保護する本当の目的は異なる．そのような多様性を生みだすことのできる自然を維持することが，人間の生存にとっても重要なのだということである．つまり，多様性は，めぐりめぐむサイクルの結果であって，多様性だけを無理矢理保存したからといって，めぐりめぐむサイクルは維持できない．本書の中で，生命の原理から人間社会を考えようとしている理由はここにある．

### 生命と散逸構造

細胞の構造などはしっかりと決まっていて，物理的あるいは化学的な散逸構造ほど単純とは思えない．どんな細胞構造ができるのかは，いろいろな酵素がそれぞれの場所で働くことによって決まってくるので，エネルギーの流れによってゆらぎから形成される散逸構造という概念には合わない．それでも，突き詰めて考えてゆくと，細胞の膜ができるときなど，疎水性の脂質が合成されて集合してゆく場合，一度ある場所で作り始めると，それをきっかけとしてそこから作られてゆくのかもしれない．細胞内を走っているアクチンなどの繊維も，一度重合を始めると，そこから堰を切ったように合成されてゆく．細胞内の構造体も案外，チューリング・パターンと似たようにして作られるのかもしれない．

しかし，DNAやRNAの合成では，きちんとした塩基の認識に基づいて合

成が行われ，タンパク質の合成も，RNAの情報に完全に依存している（図13・4）。タンパク質の複合体なども，しっかりとした分子間相互作用に基づいて組み立てられているので，偶然が入り込む余地は少ないように思える。そうなると，散逸構造だけにこだわらない方が良いかもしれない。ポイントは，秩序構造の形成によるエントロピー減少が，それよりもずっと大きなエントロピー増加を伴いながら起きる点である。

　細胞内のことがらに関しては，すでに，かなりしっかりとした構築原理が明確であるが，**多細胞体**の形成になると，どの細胞がどの種類の細胞に分化してゆくのかは，ある程度の自由度がある [40]。また，細胞間の接着など，相互作用のしくみ自体（つまり，相互作用をしている部品自体）は遺伝子で決められているとしても，具体的にどの細胞がどんな向きで接着して多細胞体を構築するのかについては，**偶然**の要素がかなり強くなる。さらに，個体の挙動や生態系の形成 [39] になれば，散逸構造といってもおかしくない。また，進化が**カオス**と秩序の境目で起きると考える説もある [38, 41]。こうして，階層が上がるほど，偶然に支配される程度が高まり，物理学で扱う散逸構造による**自己組織化**に近くなってくるように思われる。

　しかし，生命は，自分で非平衡状態を常に作り出すことができなければならない。自分で秩序構造を作り続けるというところには，遺伝情報がかかわっている。したがって，遺伝情報を取り込まないエントロピーだけの議論や，エントロピーを考えない情報だけの議論では，生命を理解することはできない。

### 生命という存在の形式：偶然と必然を超えて

　**モノー**（J. Monod）は，分子生物学で業績をあげて，ノーベル賞を受賞した学者だが，生命に関する思索を，『**偶然と必然**』[88] として1970年に発表した。生命について，この二つの概念の対立で説明しようとした本である。原語の「必然」には，必要性という意味もあるので，注意が必要である。

## 14・1 「不均一性」から考える生命の原理

そこで,生物のサイクルについて,偶然性と必然性(必要性)を検討してみると,たしかに,一つ一つのサイクルがきちんと定常的にまわるのは,生理的に必要な確実なしくみに支配されており,上の階層にゆくにつれて,偶然的な要素が強くなると考えられる。しかし,遺伝情報も含めた階層にまたがるサイクル全体もまた,定常的なサイクルになっていて,その意味では,これは必然性である。個々の遺伝子の中身や,どんな制御因子が具体的に働いているのかなどの詳細に注目すれば,生物はさまざまなものをもっていて,だんだんと進化してゆくように見えるので,その点では,偶然性が支配しているように見えるかも知れない。しかし,全体が大きなサイクルを作っていて,生命世界全体として機能していること自体は,これなくしては生命が成り立たないという意味で,必然性なのではないだろうか。「めぐりめぐみわきあがる生命世界論」というのは,こうした意味で,生命という存在の形式の必然性を規定することであり,個別具体的な生物を考えるものではない。

### 「ずれ」と「不均一性」

生命現象はたくさんの階層からなり,それぞれの階層において,めぐり,めぐむ働きがある。遺伝情報が規定するのは,遺伝情報発現系を含む細胞構造や,さらに多細胞体の構造や機能,そして,行動,生態的機能,進化の可能性までにも及ぶ。ところが,遺伝情報が変化しても,それによって規定されるこうした諸形質に変化が現れるのには時間がかかり,また,それによってもとの遺伝情報に選択圧が加わるのにも時間がかかる。その時間は,数時間から数日,さらに数年,何万年までもの異なるスケールに及ぶ。また,その場合,場所も同じであるという保証はない。この時間や場所の「**ずれ**」が,生命を考える鍵ではないだろうか。

「ずれ」に関して,哲学上で有名な例は,**弁証法**である。**ヘーゲル**(G. W. F. Hegel)は,命題,対立命題,総合という過程をたどって,真理に近づくことができると考えた。この場合,命題と対立命題との「ずれ」こそが,真理

解明に向けた原動力になると考える。自然科学の認識についても，同様のことが言われている。最初に仮説があり，実験をすると少し違った結果になる。それを考え合わせて，新たな仮説を作るというものである。この場合も，最初の仮説と得られた実験結果との「ずれ」こそが，次の進歩を可能にしている。

フランスの哲学者**ドゥルーズ**（G. Deleuze）は，『差異と反復』という1968年の著作 [86] の中で，数学の微分（différentiel）にヒントを得て，「差異」（différence）という概念を，ものの理解の根本に据えようとした。つまり，繰り返しながら，少しずつずれてゆくことによって，本質的な理解に近づくという考え方である。ドゥルーズは，弁証法のような単純な2元対立を嫌い，このような複雑な言い方で表現した。いろいろな方向から写真を撮って，対象を多角的に理解するという感じでもある。

「ずれ」には，上に述べた「**時間的なずれ**」と，ものに内在する「**不均一性／エントロピー差**」がある [43]（**12·4節**）。生命のように「不均一性」と「時間的なずれ」を使って発展するというものは，ほかに存在しない。不均一性はもともと非常に大がかりなもので，それがそれ自身の勢いをもって，宇宙に拡がってゆく。その不均一性が解消する過程で，部分的な不均一性が生まれては消えてゆく。それが宇宙と考えられる。単純化すれば，宇宙の原理は，「存在」と「不均一性」の二つだということになるのではないだろうか。「存在」は，物質やエネルギーを表すと考える。しかし，「そもそもなぜ宇宙には不均一性があるのか」は解決できない問題である。「時間的なずれ」は，生命に限定されているのだろうか。とすると，生命は宇宙を超えた存在なのだろうか。「**不均一性の哲学**」を考えてみるとおもしろそうである。

## 14·2 「不均一性」から考える豊かさ
### 経済格差とエントロピー

一つの国であれ，世界であれ，人々が暮らしていく上で，貧富の格差はなくならないように見える [92]。**格差の存在は必然なのだろうか**。貧富の差が

経済学の表立った課題になったのは比較的新しく，2003 年から「Journal of Economic Inequality」（経済格差学雑誌）という研究雑誌が発刊されるなど，世界的には研究が活発化している．ワイルの『経済成長』[95] には，世界の国々の経済格差に関する，過去と現在のデータがたくさん収録されていて，経済成長には格差が必然なのか，という問題についての実証的な議論が積み上げられている．そこで引用されている論文のデータ [99] を紹介する（図 14・1）．これは，世界銀行の主任エコノミストをつとめたブルギニョンによるものである．

まず，収入の分布図（図 14・1）をみると，1820 年では比較的分布がまとまっていたのが，1910 年，1950 年，1992 年と次第に広がっていることがわかる．つまり格差全体は拡大している．世界全体の格差を，国別（地域間）格差と国内（地域内）格差に分解したデータが図 14・2 である．この統計で使われている**タイル指標** Theil index は，オランダの数量経済学者 Henri Theil が 1967 年の著作の中で導入した指標であるが，実は「情報エントロピー差／

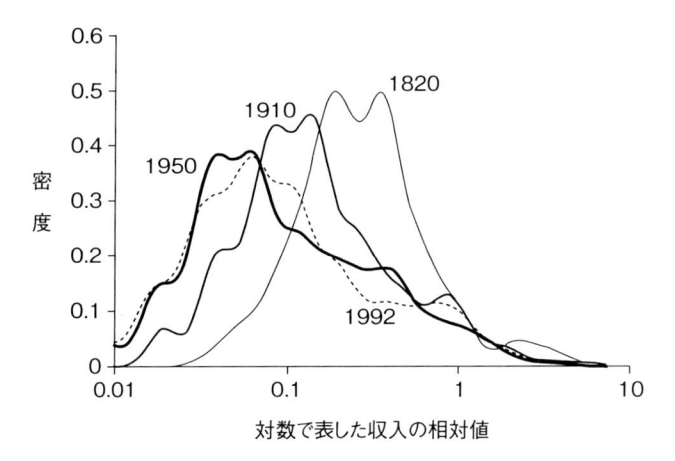

**図 14・1 世界の収入分布の歴史的推移**
横軸は，豊かな人の平均を 1 とした相対値を対数スケールで示している．この図は，それぞれの分布密度をガウスカーネル法で平滑化したもの．([99] 図 1 より)

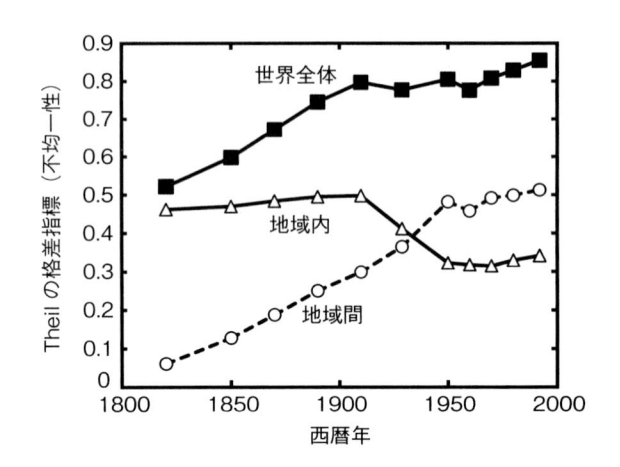

**図14・2　地域内と地域間の一人当たりGDP格差の推移**
　一人当たりGDPは購買力平価で補正したものに基づき，世界の33か国グループ（1か国または数か国からなるグループ）の統計データから求めたもの。縦軸はTheilの格差指標すなわち自然対数で表した情報エントロピー差（不均一性）を示す。([99]表2のデータに基づき筆者作図)

不均一性」を，自然対数スケールで表したものである。これを見ると，もともと地域内格差が全格差の大部分を占めていたのが，20世紀前半にかなり低下したこと，また，地域間格差が19世紀から増え続けてきたことなどがわかる。

　国内格差は，アメリカでの解析で，早くから示されていた[100]。以前は全員が中流であったといわれる日本でも，現在ではその格差が拡がり，貧しい人が増えているということが問題になっている。これまでの日本では，年功序列の賃金体系で，誰でも年をとればある程度の給料を得ることができていたので，年齢によって賃金の差別化を図っていたことになる。そのため貧富の格差が表面に出てこなかった。欧米では，職種によって賃金は決まっていて，年をとっても大きく変わらない。そのため労働者の賃金は低い。日本も職能別賃金体系や出来高払いの賃金体系を導入することで，それに近い形に変わりつつあり，一方で，非正規従業員も多くなっている。このように，

一つの国のなかの格差にも，2種類あることになる。以前は年功序列の弊害が言われ，若くても能力のある人が十分に実力を発揮できないことが問題とされたが，若くて能力のある人を重用すると，そういう人は一生よい待遇を受けることになり，最初に選ばれなかった人は一生浮かばれなくなる。どちらが不公平なのだろうか。

これについて，ブルギニョンの論文 [99] では，収入格差の存在自体以上に重要なのが，**機会格差**であるという。つまり，今は貧しくても努力すれば豊かになることができる，あるいは，いまは裕福だが，倒産や経済ショックなどによって没落する，というような流動性が少なくなっていて，豊かな人はいつまでも豊かで，貧しい人はいつまでも貧しい状態を抜け出せない，という「格差の泥沼」（inequality traps）にはまっており，これは経済全体の効率も低下させているという。ただ単に貧しい人にお金を配って助けるというのではなく，**機会均等**（equality of opportunity）を確保して，この状態から世界全体としてどうやって抜け出すのか，ということが大切である。

### 経済を熱力学で考える

格差，つまり経済の不均一性を，エントロピーから考えてみる。自然のものであれば，全部が均等になっている確率が最も高く，エントロピーは最大に向かう。ところが，世の中の富は，最もエントロピーが高くなるように（つまり均等に）は，配分されていない。これに関する解答として考えられるのが，散逸構造である。系の中で大きなエネルギーが流れ，エントロピー増大を起こすとき，散逸構造が形成されてその分だけエントロピーが減少する。しかもその構造のところでは，他よりも多くのエネルギーが流れる。これは熱対流のような無生物現象（**図 11·5**）でも，生物対流（**図 5·5**）や形態形成（**図 5·7**）のような生物現象でも見られる。社会の貧富の格差も，散逸構造なのだろうか。社会の不均一性をエントロピーで表したとき，エントロピーは経済発展とどのような関係にあるのだろうか。

『Money: Virtual Energy』（お金は仮想エネルギー）という本 [97] では，資本家のもとに大量にまとめられたお金を「濃縮された」（いろいろなことに使える）お金として，エントロピーが低いと考え，それに対して，庶民の家計に少しずつあるお金のエントロピーは大きいと考えることで，経済を熱力学の眼で見ようとしている．中でも貧富の格差を富の「分配関数」としてグラフで表している点は，おもしろい．この表し方自体は昔からあったのだが，そのグラフの傾きに注目する点が新しい．熱力学 [36, 37] でも「分配関数」を定義して，分子がもつエネルギー準位への粒子の分配状況を計算することによって，内部エネルギーやエントロピーを求めることができる．同じ考え方をしようというわけである．

グラフの傾きが急である，つまり，一部の人に富が集中しているほど，経済システムの活性が高いと考える．その傾きを使って，「温度」に相当する指標を定義している．いわば景気をはかる指標でもある．本来，放っておけば，お金はみんなに均等に分配されそうなものだが，こうしたエントロピー的な均一化する力に対して，経済を活性化しようとする力は富を不均一化し，大きな富をもつ者を少数生みだす．これは「温度」が高いことに相当する．これでわかるのは，経済が活発で好景気のときには，全員が豊かになるのではなく，貧富の格差が拡大するのである．**8・4節**で述べたような一つ一つのサイクルのサイズはさまざまでも，それらがうまく組み合わさると，全体としての流れが大きくなるという**図13・7**のイメージである．静的な比喩でいうと，お城の石垣は，大小さまざまな大きさ，形の石が組み合わさってできていて，それによって，地震にもびくともしないものになっている．そうなると，みんなが同じように豊かになるというのは，理論的にあり得ないのだろうか．この著者は，最近流行の**持続的成長** sustainable development の概念にも，疑問を呈している．これは，次に述べることにも関係している．

一言断っておきたいが，経済の話は，生物の世界と似ている面が多く，全体としてこのような新しい見方もできるということを述べているのだが，現

実の問題の解決には，具体的な社会のしくみや政治のしくみについての理解が必要なことは言うまでもない．それは，個々の病気を治すには，個別の物質の理解が必要なことと同じである．

**経済成長の限界**

フランスの経済学者かつ活動家であるラトゥーシュ（S. Latouche）の『脱成長の時』（Le temps de la décroissance）[96] は，成長をやめようという過激な主張をしている．彼の他の著書の邦訳はあるが，この本の邦訳は出ていない．それによると，グローバル経済化が進み，人口増加，経済成長によって，もうすぐ地球は人類を養うことができなくなってしまう．それは，資本主義が利潤をひたすら求めて拡大し続けたためであるという．それによって人々は時間に追いまくられる一方，失業者も増加している．コマーシャリズムが進み，人々はものを買うことに狂奔させられている．環境の汚染が進み，生物の多様性が失われ，資源が枯渇してゆく．放っておいてもしまいに経済の成長は止まるが，そうなったときには人類は絶滅する．それよりは，自ら選んで経済の成長を昔に戻そう．いまこそ**脱成長**の時である．というのが前半の内容である．

後半は具体的な政策である．ではどうするかというと，ローカルなコミュニティを復活させて，自給自足の生活をしよう．働く時間を減らして，余った時間を人々との交流にあてよう．貨幣経済をやめて相互扶助によって暮らそう．一言で言えば「働く時間を減らしてより良い生活をしよう」というのがモットーのようである．これは，いわば，**図 8·7 上**のような形に戻るものである．魅力的といえば魅力的だが，実現するとも思えない．とはいえ，図らずも，東日本大震災後の東京などは，これに少し近い状況になっていた．大量消費をしなければ，経済はまわらないという人もいる．一方で，半分消していた駅の電灯などは，まだ外国に比べれば明るい．いままでコンビニにあふれていた弁当などは，時間切れで大量に捨てられていた．それを考える

と，本当に要らないエネルギーや資源を節約しても，経済を維持することはできそうにも思える．

　地球規模で考えたときに，将来の成長には限界があるのは明らかである．恐竜の絶滅の後に哺乳類が栄えたように，限界の先には意外な不連続性があるのかも知れない．何が起きるかわからない．

## 14・3　自由と平等

　すでに何度も述べたように，生命にかかわる現象には，循環や，異なる階層にわたる構造化がある．とくに高次の生命現象では，これこれの構造を作るということをあらかじめ決めて，その通りに実現することは難しい．現象によって異なるが，全体としてできる構造化は，あくまでも大づかみな構造を支配するだけで，実際にどのような空間的・時間的構造が実現するかということを事細かに決定することはできない．つまり，**決定論**で支配するのは完全に細かいところまですべてなのではなく，他の要因によって変化させられるか，または完全には決められないこともある．「**自由**」というのはこういう部分を指すのであろう．つまり，「システムの自然の成り行きの中にある振れ幅のなかで，物事を決定する自由」である．

　自由とエントロピーは関連している．**自由度**が高ければ最大エントロピー $S_{max}$ も大きい．自由意志による決定はエントロピーを減らすことであり，エントロピー差／不均一性をもたらす．それによってシステムを駆動する．下の階層が上の階層を動かすときに，自由があると，いろいろな構造ができうる．決定論でない分だけ，システムの展開に多様性が生まれる．大筋で決まっていて，その中で詳細を決定するという形の自由度は，システムの発展に多様性を与え，形態形成の可塑性や進化の可能性を保証する．その意味では，人間の意志は完全に自由であるといえるかも知れないが，これについては，後の生きがいのところでさらに考える．

　生命の世界が「不均一性」によって成り立っていることを考えるならば，

みんな**平等**，すべてを同じにするということは解決にならない。どんなによい政治をしても，すべての人が同じ暮らしをするということは無理であろう。逆に，分業は効率化を生む。不均一性をうまく利用することによって，社会を動かす他はない。平等は，社会の中で異なる役割を果たす人々が，自らの自由を著しく損なわれないで，生活することができることを保証することであろう。その際，先に述べた機会の格差を少なくすることである。時間的，地理的，または年齢的にさまざまな機会をバランスよく享受できるようにすることで，**8・4節**で示したような，個人を構成する五つのセクターがそれぞれに機能するようにすることである。それにより，社会全体でのエントロピーの流れをより流れやすくすることができ，すべての流れが等しくなるわけではないが，全体での流れを最適化できるはずである。

## 14・4　めぐりめぐむ生と死

　生命論を語る書物では，**死**が重要なテーマとなることが多い。ここまで述べてきたような生命のあり方を考えたとき，生と死の関係はどのようになるのだろうか。私たちを含め，多くの動物は，他の生物を食糧として生きている。動物を食べないベジタリアン（菜食主義者）も，植物は食べざるを得ない。事実上，光合成が唯一の不均一性を導入できる源泉だからである。その場合，ある生物の「死」は，別の生物の「生」を意味する。他の生物に食べられないで，のたれ死にする野生動物や，ただ単に枯れる木もあるかも知れない。そうした生物でも，死体は有機物でできていて，微生物の栄養になっている。つまり，微生物も，全体としては大きな不均一性を担っている（**図8・5**）。**11・4節**で述べたシュレーディンガーの生命論においては，エントロピー最大ということは死を意味するとされた。しかし，これはいわば究極の死，つまり，世界の終わりを意味する。生命論で考える場合の「死」は，個体の死であり，その限りでは，エントロピー最大の平衡状態ということはない。

## 第14章 「不均一性」から考える生命世界と人間社会

　物質ではなくエントロピーに注目して，地球上の生命世界を見直してみると，どの生物も，自己の不均一性を他の生物に受け渡しながら，生き，また，死んでゆく。人間について考えると，体を作る物質は，物質として不均一性を保っているが，それだけではなく，体の秩序という意味で，別のレベルでの不均一性を保っている。遺伝情報という形でも，自己の体の設計図を保持していて，この不均一性は子孫に伝えられる。さらに，エントロピーの放出を集中して行うのが脳であり，その過程で思考や記憶という「情報」，つまり不均一性が生みだされる。ところがこのレベルまで進んだ不均一性または「情報」は，**文化**という形で伝達が可能になる。これは情報が一人歩きする状態である。もちろん文化の維持にも，エネルギー消費は必要である。文化を支える人の暮らしがあり，書物やメディアなどを生産し，流通する必要がある。住む人のいなくなった遺跡には，文化そのものはなく，文化の痕跡しかない。ともかく，文化も，不均一性の一つの形態である。

　別の観点からも考えてみたい。もしも生物が死ぬことがなかったとしたら，どうなるだろうか。地球上は，生物であふれかえってしまうだろう。昔から生きている人が，いつまでも威張っているかも知れない。前にのべたように，進化は，絶滅した種や，消滅していった突然変異の数が多いほど進む（**12·4節**）。その意味では，死は，新しい生命秩序を生みだす力でもある。どうせ死ぬのだから，生まれてくる意味はない，という理屈はまったく成り立たない。ラグビーのように，後から来る人にボールを次々と渡してゆくことで，全体としては進んでゆく，というのが生命の世界である。そのボールは，動物なら遺伝子だけだが，人間の場合には，文化も受け渡してゆくことができる。

　人間が生命世界に与える，つまり「めぐむ」ことができるものは，自分の体を作る有機物だけではない。体を作るための遺伝情報だけでもなく，創造活動の産物である文化がある。「死」は，生き物個体にとっては避けられないものであるが，生命の「めぐる輪」はとぎれないし，めぐむ活動も永遠に

続く。その意味では，生も死も永遠である。生と死は，めぐりめぐむ生命世界の重要な2契機である。人が死ぬと，その人の思い出が人々の中に残る。記憶も不均一性の一つであるから，思い出は，死んだ人の残した不均一性と考えられる。人が死んでからの世界があるのか議論されることもあるが，現実の世界の中に不均一性として残り続けてゆくとすれば，その総体が「あの世」でもある。

## 14・5　人間とは：生きがいを考える

集団としての問題とは別に，個人のレベルでは，「生きる」ということにかかわる問題は，生きる目的，目標，意味，**生きがい**，などである。1・1節で指摘した生きがいの重要性の問題に回帰することにする。なぜ人間は衣食が足りても満足しなくて，それに加えて生きがいを求めるのだろうか。社会による受容やそれについての安心感がないと落ち着いて暮らすことができない。自分の居場所がないと生きてゆけない。

神谷美恵子は，その名著『生きがいについて』[94] のなかで，精神科医として，不治の恐ろしい病と思われていたハンセン病の患者の心の治療に長年携わった経験をもとに，この病に冒された絶望感から生きがいを再発見する過程を，他の原因から生きがいを喪失した人が生きがいを再び見いだす過程と併記しながら，結局は人間誰にでもありうることとして，きわめて理性的，客観的に記述している。そこでは，生きがいという言葉には，生きがいを見いだす対象と，生きがいを感じる精神の両方が含まれていることが指摘され，後者の「生きがい感」について論じられる。生きがいを求めるのは，基本的な生物的欲求が満たされた後にくる**「実存的欲求」**でもあるが，限界状況におかれた人間のもつ生存充実感や，自己の生存の価値と意義づけに対する欲求でもある。精神的な生きがいには，認識と思索，審美と創造，特定の人や人類に対する愛などによる喜びもあるが，大きな苦悩を乗り越えた人が生きがいを見つけ出すときには，宗教的な喜びは特別な意味をもつという。それ

は神秘体験などの「**変革体験**」による一種の心の世界の変革を伴い，最終的に価値体系を再構築するのに役立つからである．

> 「一個の人間として生きとし生けるものと心をかよわせるよろこび，ものの本質をさぐり，考え，学び，理解するよろこび．自然界の，かぎりなくゆたかな形や色や音をこまかく味わいとるよろこび．みずからの生命をそそぎ出して新しい形やイメージを作り出すよろこび．――こうしたものこそすべてのひとにひらかれている，まじり気のないよろこびで，（中略）少なくともそのどれかは決してうばわれぬものであり，人間としてもっとも大切にするに足るものではなかったか．」（[94]，267〜268 ページ）

このように，生きがい再発見の過程では，自然とのつながりが重要で，生きていること自体から力を受けることが述べられている．

　生きがいとは何か．それは，「めぐむ」ことに他ならない．個人が生きているサイクルと他の人が生きているサイクルが共役して，「わたし」が「あなた」に何かしらの貢献ができることが，「めぐむ」ということであり，それは「わたし」がもっている不均一性を利用して，「あなた」の不均一性を作り出す活動である．この繰り返しが，家族を育み，社会を成り立たせている．「わたし」が誰かに対して「めぐむ」作用を及ぼしていることができているという実感が，「生きがい」である．人間は実にうまくできていて，自分自身で「めぐむ」活動をするだけではなく，「めぐむ」作用が正常に機能しているのかを自分で確認することができ，それができないと「生きがい」を感ずることができず，生きてゆく力を得られない．

　**目的因**（11·6 節）に関して，生命のサイクルは，何が原因で，何が結果であるのか，何が目的であるのかがすべて一致していることを述べたが，「生きがい」というのはまさしくこれにあたる．客観的に考えれば，人の役に立とうが立つまいが，人に誹られようが，人に嫌われようが，勝手に生きれば

良いではないか，などとも思えるが，現実にはそうはいかない。自分の「生きていること」が他の人の「生きていること」に何らかの形で結びついていないと，自分自身生きてゆくことができない。生きることの目的が，生きた結果が得られることであり，生きる理由でもある。

　こうして，「**不均一性の哲学**」は，宇宙から生命，人間まですべてを貫いて理解ができるという「**変革体験**」を味わわせてくれた発見となった。

# おわりに

　本書を終えるにあたり，全体の要約を示し，**第1章**で提示した問題点を受ける形で，生命の本質，つまり，「生きているということ」をまとめたい．

　**めぐること・めぐむことと，生命のわきあがり**
　生命の本質，つまり「**生きているということ**」を考えるときには，生物体を構成する物質だけではなく，それら物質が作る「**うごき・流れ・勢い**」に注目する必要がある．これらの「**流れ**」は，多くの場合，循環的なサイクルを形成しており，たくさんのサイクルがお互いに共役して，互いに他を駆動している．これは生命という存在の形式を規定している．しかし，これらサイクルの全体を駆動している究極的な「**流れ**」は，太陽の光が地上に降り注ぎ，再び宇宙空間に熱として放出されるという不可逆的な流れであり，この一部が植物や藻類によって行われる光合成により，生命世界に流れ込んでいる．
　光から生まれた**エントロピー差／不均一性**は，酸化還元の自由エネルギー，ATPの自由エネルギーへと姿を変えて，生命世界全体の駆動力となる．エネルギーは保存されて変化がないので，それ自体として駆動力ではなく，世界を駆動しているのは，不均一性である．不均一性は，特別の強制力が無い条件に比べて低く保たれているエントロピーの差分を指し，それが次のサイクルの駆動力となる．代謝物質が化学的な不均一性（あるいは自由エネルギー）を保持するのに対して，遺伝情報は情報の不均一性を保持する．こうして，代謝，細胞分裂周期，個体の構築，生態系の循環，進化と，異なる階層のサイクルが順にわき出してくるが，それを確実にしているのは，**遺伝情

報のもつ**情報量**，つまり不均一性である。この情報による階層縦断的なフィードバックこそが，生命世界を物質世界から際立たせている特徴と考えられる。

こうして，生命の本質は，共役したサイクルが不均一性を受け渡しながら，階層的に積み重なって，あらたな不均一性をわきあがらせるというしくみにある。「めぐること」と「めぐむこと」は，これを成り立たせている二つの重要な契機である。生命科学に対する一般の見方は，特別な魔法の薬や，普通にできないことを可能にしてくれる酵素や物質を発明してくれることで，研究者もそうした方向の研究しかしていない。しかし，人類にとって本当に必要な生命科学は，「生命とは何か」ということに関する根本的な見方を提供することである。生命は部品の記載では理解できない。めぐるサイクルとめぐむ働きから，不均一性がわきあがることを理解するのが一番である。

### 特別な人間存在

こうした生命の理解に基づいて考えたとき，人間の存在には，二つのことがいえる。第一に，人間は他の多数の生物の存在の中で誕生し，それらとともに生き，それらから恩恵をこうむるという，いわば「地に足の着いた」存在である。人間集団が作る社会は，経済によって動いているが，それには直接に生命を維持する代謝的なサイクルと，人間活動を支える物質を利用するサイクル，さらに不均一性の再配分をすることにより経済の効率化をはかる金融などがある。これらも基本的には，上に述べた**生命のサイクル**と結びついている。

これに対し，第二の特徴は，代謝のエネルギーを脳に高密度で集中することによって，これまでの生物がなし得なかった高度な情報処理を可能にしたことである。エネルギーとともに大きな不均一性がサイクルを駆動することによって，別の形の不均一性を生みだすという原理が，他の動物にはない精神活動を生みだした。これによって，**経済**や**文化**という形の不均一性のサイクルが生みだされた。とくに文化は，遺伝情報とは異なり，血縁を介さずに，

教育という形で後の世代にも伝えられる，いわば「人体から抜け出した」情報である。これは，その他の生命世界には存在しない新しい不均一性の形態であり，社会を構築する原理でもある。

### これから考えたい課題

現代の生命科学は，人間を中心とした生物が，装置としてどのようなしくみで機能しているのかについて，それぞれの部品を取り出し，詳しく性質を調べ，その組み合わせによって全体を理解しようとしてきた。本書は，生命の理解において，個々の部品の理解からはじめるのではなく，すでにたくさんある知識を活用しながら，生命についての統一的な見方を考察することによって，シュレーディンガーの目論見に対するある程度の解答の枠組みを呈示することができたと思う。さらに，生命と社会，人間の生きがいにまで話をひろげて，同じ考え方が適用できる見通しを示した。しかし，本書で十分に解き明かすことができなかった課題もある。

今後，解明すべき課題は大きく分けて二つある。一つは，本書の本来のテーマである，生命のサイクルの詳しいモデル化を含む理論の構築である。もう一つは，不均一性の哲学による生命世界と人間社会との関係の理解である。どちらもそれぞれ大きな課題であるが，これから少しずつ取り組んでゆきたい。

本書の記述は全体として一般向けで，厳密さに欠けるというお叱りも甘受せざるを得ないが，基本的な考え方は明確にできたものと思う。私自身は，上記のような今後の課題の解決に取り組みたいが，読者諸氏におかれても批判的に内容を理解していただければ幸いである。

# 引用文献

 本文で引用した文献を紹介する．できるだけ日本語で書かれた易しい書物や邦訳書を挙げたが，一部，邦訳のない書籍・論文については原著のみを記載した．

## 1. 生命科学関係

[1] 清水 博著（1978：初版）（1990：増補版）『生命を捉えなおす　生きている状態とは何か』中公新書503，中央公論社．生命を全体として捉えるという主張を，生命科学者として早い時期に打ち出した書物として，きわめてユニークで，本書の先駆けとなる本である．エントロピーなどについても詳しく述べられている．

[2] 東京大学生命科学教科書編集委員会編（2010）『理系総合のための生命科学』第2版，羊土社．筆者も執筆した生命科学教科書．

[3] 赤坂甲治編（2000：初版）（2010：新版）『生物学と人間』裳華房：動物の発生や進化などについては，わかりやすい説明がある．

[4] 駒野 徹・酒井 裕著（1999）『ライフサイエンスのための分子生物学入門』裳華房．おもにDNA関係のことを解説している．

[5] 図説生物学編集委員会編（2010）『図説生物学』東京大学出版会．なお，一部の図は，旧版から引用した．生命科学資料集編集委員会編（1997）『生命科学資料集』東京大学出版会．

[6] 東京大学光合成教育研究会編（2007）『光合成の科学』東京大学出版会．筆者を含むグループによる，光合成について多角的に解説した教科書．

[7] D. ヴォート・J. ヴォート著　田宮信雄ほか訳（2005）『生化学』第3版，東京化学同人．

[8] 田澤 仁著（2009）『マメから生まれた生物時計　エルヴィン・ビュニングの物語』学会出版センター．ビュニングの伝記とともに，生物時計についての最新の研究状況をまとめたもので，前半は読み物，後半は専門書．

[9] J. スコット ターナー著　滋賀陽子訳（2007）『生物がつくる＜体外＞構造　延長された表現型の生理学』（原著は2000年）みすず書房．生物が集合して形成する構造を扱った専門書．生物対流なども紹介されている．

[10] 斎藤成也著（2007）『ゲノム進化学入門』共立出版．ゲノム進化について広く解説した入門的解説書．

[11] 木村資生著（1986）『分子進化の中立説』紀伊国屋書店．中立進化に関する代表的な著作で，進化のしくみについて詳しく議論している．

[12] Vogel, S. (1994) "Life in Moving Fluids" 2nd Ed., Princeton University Press, Princeton, NJ．大気や水中での生物の運動を流体力学の観点から解説した専門書．

[13] 井上 勲著（2006）『藻類30億年の自然史』東海大学出版会．地球上の藻類の長い歴史を多面的に解説した専門書．全生物の系統樹について参照した．

[14] 馬場悠男編（2005）『人間性の進化』別冊日経サイエンス，日経サイエンス社．人類

の進化を多面的に解説したもの。絶滅したヒト属の系統樹を参考にした。

[15] W. ハーヴェイ著　暉峻義等訳 (1961)『動物の心臓ならびに血液の運動に関する解剖学的研究』(原著は 1628 年) 岩波文庫，岩波書店。

[16] 中村桂子編集 (2009)『続く』生命誌年刊号 2008 vol. 57-60 号，新曜社。生命誌博物館からの刊行物を 1 年ごとにまとめたもの。腸内細菌のゲノム解析の話について参考にした。

[17] 小川和夫著 (2005)『魚類寄生虫学』東京大学出版会。その名の通り，魚類の中に住む寄生虫についての専門書。

[18] 柿本辰男ほか編集 (2010)『植物のシグナル伝達　分子と応答』共立出版。植物のホルモンやシグナル伝達物質に関する最新の研究を紹介した専門書。根粒菌や菌根に関する内容について参考にした。

[19] C. ダーウィン著　八杉龍一訳 (1990)『種の起原』岩波文庫，岩波書店 (原著初版は 1859 年)。

[20] G. メンデル著　小泉 丹訳 (1928)『雑種植物の研究』岩波文庫，岩波書店 (原著は 1865 年)。

[21] Carroll, S. B. (2005) "Endless Forms Most Beautiful. The New Science of Evo Devo and the Making of the Animal Kingdom" Weidenfeld & Nicolson, LondonWagner.

[22] Wagner, A. (2011)" The Origins of Evolutionary Innovations" Oxford University Press, Oxford.

以下の欧文の学術論文を，それぞれ関連の内容について参考にした。

[23] Farré, E. M. et al. (2005) Overlapping and distinct roles of PRR7 and PRR9 in the Arabidopsis circadian clock. *Curr. Biol.* **15**: 47-54.

[24] Gardner, M. J. et al. (2006) How plants tell the time. *Biochem. J.* **397**: 15-24.

[25] Do, S-H. et al. (2009) Hydrogen peroxide decomposition on manganese oxide (pyrolusite) : Kinetics, intermediates, and mechanism. *Chemosphere* **75**: 8-22.

[26] Mishra, P. J. et al. (2002) The mechanism of salivary amylase hydrolysis: Role of residues at subsite S2'. *Biochem. Biophys. Res. Commun.* **292**: 468-473.

[27] Sato, N. (2006) Origin and Evolution of Plastids: Genomic View on the Unification and Diversity of Plastids. *In* Robert R. Wise and J. Kenneth Hoober (eds.) , "The Structure and Function of Plastids" Chapter 4, 75-102. Springer, Berlin.

[28] Goedde, H. W. et al. (1992) Distribution of ADH2 and ALDH2 genotypes in different populations. *Human Genetics* **88**: 344-346. 世界各国のアルコール代謝遺伝子の比較。日本人については：Takeshita, T. et al. (1996) The contribution of polymorphism in the alcohol dehydrogenase $\beta$ subunit to alcohol sensitivity in a Japanese population. *Human Genetics* **97**: 409-413. ADH も関係することを示した論文。

[29] Nägeli, C. (1860) "Beiträge zur wissenschaftlichen Botanik" Zweites Heft. Engelmann, Leipzig.

[30] Nosil, P. and Feder, J. L. (2012) Genomic divergence during speciation: causes and consequences. *Phil. Trans. R. Soc.* **B 367**: 332-342.
[31] Badyaev, A. V. (2011) Origin of the fittest: link between emergent variation and evolutionary change as a critical qustion in evolutionary biology. *Proc. R. Soc.* **B 278**: 1921-1929.
[32] True, H. L. *et al.* (2004) Epigenetic regulation of translation reveals hidden genetic variation to produce complex traits. *Nature* **431**: 184-187.
[33] Lalueza-Fox, C. and Gilbert, M. T. P. (2011) Paleogenomics of archaic hominins. *Curr. Biol.* **21**: R1002-R1009.

## 2. 生物や秩序形成に関わる情報学，熱力学，物理学

[34] E. シュレーディンガー著　岡 小天・鎮目恭夫訳(2008)『生命とは何か』岩波文庫(1951：初版)。原著は E. Schrödinger (1944) "What is Life ? The Physical Aspect of the Living Cell" Cambridge University Press.「負のエントロピー」を食べることが生命維持に欠かせないことを述べた名著。
[35] G. ニコリス・I. プリゴジン著　小畠陽之助・相沢洋二訳（1980）『散逸構造：自己秩序形成の物理学的基礎』（原著の直訳のタイトルは『非平衡系における自己秩序形成』1977 年）岩波書店。
[36] I. プリゴジン・D. コンデプディ著　妹尾 学・岩元和敏訳（2001）『現代熱力学：熱機関から散逸構造へ』（原著は 1999 年）朝倉書店。
[37] P. W. アトキンス・J. デ・パウラ著　千原秀昭, 稲葉 章訳（2007）『物理化学要論』第 4 版, 東京化学同人。基本的な化学熱力学に関する入門的な教科書。

以下は，複雑系の観点から生命を論じた書。
[38] 田中 博著（2002）『生命と複雑系』培風館。
[39] 瀬野裕美著（2007）『数理生物学：個体群動態の数理モデリング入門』共立出版。
[40] 本多久夫編（2000）『生物の形づくりの数理と物理』共立出版。自己組織化による形態形成を数理的に解説したもの。
[41] S. カウフマン著　米沢富美子監訳（2008）『自己組織化と進化の論理：宇宙を貫く複雑系の法則』（原著は 1995 年）ちくま学芸文庫, 筑摩書房。自己組織化についての一般書。

以下は，エントロピーに関するもの。
[42] 安孫子誠也著（1984）エントロピー低下機構としての光合成. 科学 **54**: 285-293。エントロピーを低下させるという光合成の意義を日本で最初に解説した記事。
[43] 佐藤直樹著（2011）光合成のエントロピー論再考：階層的生命世界を駆動するエントロピー差／不均一性. 光合成研究 **21**：70-80。および, Sato, N. (2012) Scientific élan vital: Entropy deficit or inhomogeneity as a unified concept of driving forces of life in

hierarchical biosphere driven by photosynthesis. *Entropy* **14**, 233-251. 光合成と生命のエントロピーに関する解説. http://nsato4.c.u-tokyo.ac.jp/old/Life/Kougousei.html
[44] アリーベン・ナイム著　中嶋一雄訳（2010）『エントロピーがわかる』ブルーバックス B-1690, 講談社。
[45] M. ゴールドスタイン・I. F. ゴールドスタイン著　米沢富美子監訳（2003）『冷蔵庫と宇宙：エントロピーから見た科学の地平』東京電機大学出版局。
[46] 小出昭一郎・我孫子誠也著（1985）『エントロピーとは何だろうか』岩波書店。
[47] 澤井哲著（2007）粘菌の cAMP 振動と細胞間シグナリング．細胞工学 26 巻 759-765。

以下に洋書と英文の学術論文を挙げる。

[48] Turing, A. M. (1952) The chemical basis of morphogenesis. *Phil. Trans. Roy. Soc.* **B 237**: 37-72. 反応拡散モデルを最初に提唱した論文。
[49] Hall, D. O. and Rao, K. K. (1999) "Photosynthesis" 6th Ed., Cambridge University Press. 光合成についての一般的解説, エネルギー論も含む. 第 2 版の邦訳：(1980) 金井龍二訳『光合成』朝倉書店。
[50] Cheetham, N. W. H. (2010) "Introducing Biological Energetics" Oxford University Press. 最新の生体エネルギー論の教科書で, 物理学, 化学, 生物学の各分野の内容をうまく取り込んで書かれている優れた入門書。
[51] Scott, A. C. (2007) "The Nonlinear Universe. Chaos, Emergence, Life" Springer-Verlag Berlin.
[52] Lavergne, J. (2006) Commentary on: 'Photosynthesis and negative entropy production by Jennings and coworkers'. *Biochim. Biophys. Acta* **1757**: 1453-1459. 光合成のエネルギー論。
[53] Knox, R. S. and Parson, W. W. (2007) Entropy production and the second law in photosynthesis. Biochim. *Biophys. Acta* **1767**: 1189-1193. 光合成に伴うエントロピー生成の解説。
[54] Ksenzhek, O. S. and Volkov, A. G. (1998) "Plant Energetics" Academic Press, San Diego. 植物の代謝をエネルギーの面から詳しく解説した専門書。
[55] Pänke, O. and Rumberg, B. (1997) Energy and entropy balance of ATP synthesis. *Biochim. Biophys. Acta* **1322**: 183-194. ATP 合成のエネルギー論。
[56] Miller, S. L. and Smith-Magowan, D. (1990) The thermodynamics of the Krebs cycle and related compounds. *J. Phys. Chem. Ref. Data* **19**: 1049-1073. 代謝中間体の他, NAD, NADP の熱力学的なデータの導出などを含む。
[57] Dewey, T. G. and Delle Donne, M. (1998) Non-equilibrium thermodynamics of molecular evolution. *J. theor. Biol.* **193**: 593-599. タンパク質の情報エントロピーと構造エントロピーの関係からタンパク質の進化を論じた論文。
[58] Landsberg, P. T. (1984) Can entropy and "order" increase together? *Physics Letters* **102A**: 171-173. エントロピーの変形として秩序の尺度を定義した論文。

## 3. 宇宙，地球，環境に関する解説書

[59] 丸山茂徳・磯崎行雄著（1998）『生命と地球の歴史』岩波新書，岩波書店。地球の歴史の中で生命の進化を位置づけたユニークな解説書。多くの点で参考にした。

[60] 井田 茂・小久保英一郎著（1999）『一億個の地球—星くずからの誕生』岩波科学ライブラリー71，岩波書店。

[61] J. E. アンドリューズほか著　渡辺 正訳（2005）『地球環境化学入門』改訂版（原著は2003年）シュプリンガー・フェアラーク東京。地球環境を主に化学の面から解説した専門書。

[62] 中川和道ほか著（2004）『環境物理学』裳華房。地球環境にまつわる物理的な問題を幅広く扱った専門書。

[63] 野上道男編著（2006）『環境理学：太陽から人まで』古今書院。環境の科学にかかわる諸問題を多面的に解説した専門書。

[64] 青木 誠ほか著（1995）『地球の水圏—海洋と陸水』新版地学教育講座10，東海大学出版会。

[65] 上村賢治ほか著（1997）『生態環境科学概論』講談社。環境の中での生態系のあり方を解説した教科書。

[66] 青山芳之著（2008）『環境生態学入門』オーム社。これも生態学の教科書。

[67] IPCC（気候変動に関する政府間パネル）編　文部科学省 [ ほか ] 邦訳（2009）『IPCC地球温暖化第四次レポート：気候変動2007』中央法規出版。原文は Climate Change 2007 : the Fourth Assessment Report of the IPCC。ここで引用している炭素循環の図7.3のもとは，第2次レポート（1995年）の図2.1で，さらにその根拠の一つは，次の論文による：Siegenthaler, U. and Sarmiento, J. L. (1993) Atmospheric carbon dioxide and the ocean. *Nature* **365**: 119-125. この論文には，工業化前と後での炭素循環サイクルの違いが説明されている。

[68] 久馬一剛（2005）『土とは何だろうか』京都大学学術出版会。土について多面的に解説したもの。

[69] C. フレイヴィン編著　福岡克也監訳（2007）『ワールドウォッチ研究所　地球環境データブック　2006-7』ワールドウォッチジャパン（新しい版が出版されている）。地球環境に関するデータを広く集めたもの。

[70] 国立天文台編（2009）『環境年表』平成21・22年版, 丸善。これもデータを集めたもの。

[71] R. H. ホイッタカー著（1979）『生態学概説』培風館。原著は R. H. Whittaker (1975) "Communities and Ecosystems"2nd Ed., Macmillan Publishing, New York. 扉のところに地球上での一次生産の分布をまとめた表が出ていて，これがいろいろなところに引用されている。

[72] 宇田川武俊著（1976）『水稲栽培における投入エネルギーの推定』環境情報科学 **5**：73-79。

[73] 野口良造・齋藤高弘著（2008）『インベントリ分析による機械化水稲生産のエネルギー

消費量・効率の考察』農業情報研究 **17**: 20-30。水稲生産のエネルギーコストの新しい計算。

[74] 佐賀清崇ほか著（2008）『稲作からのバイオエタノール生産システムのエネルギー収支分析』エネルギー・資源学会論文誌 **29**: 30-35. イネによるバイオエタノール生産のコスト計算。

生態系の最新データは，以下の英文の文献によった。

[75] Field, C. B. *et al.* (1998) Primary production of the biosphere: Integrating terrestrial and oceanic components. *Science* **281**: 237-240.

[76] Whitman, W. B. *et al.* (1998) Prokaryotes: The unseen majority. *Proc. Natl. Acad. Sci. USA* **95**: 6578-6583. 土壌中の微生物量の新たな推定。

[77] Johnsen, S. J. *et al.* (1992) Irregular glacial interstadials recorded in a new Greenland ice core. *Nature* **359**: 311-313. グリーンランド氷床の解析により，過去の気温変動を明らかにした論文。

[78] Trenberth, K. E. *et al.* (2009) Earth's global energy budget. *Bulletin of the American Meteorological Society* **90**: 311-324. 地球全体のエネルギー収支の最新データをまとめた報告。

[79] Jørgensen, S. E. ed. (2010) "Global Ecology" A derivative of Encyclopedia of Ecology, Elsevier, Amsterdam. もともと5冊からなる2008年刊行の辞典の1冊を独立した本として刊行したもの。

## 4．哲　学

以下にあげるのは本書で話題にした哲学関連書であるが，直接引用したものを除いては，邦訳書を挙げる。

[80] アリストテレス著　出 隆訳（1959）『形而上学』岩波文庫，岩波書店。

[81] 山本光雄著（1977）『アリストテレス：自然学・政治学』岩波新書，岩波書店。

[82] R. デカルト著　谷川多佳子訳（1997）『方法序説』岩波文庫，岩波書店。参照した原典は，Descartes, R. (1951) "Discours de la méthode" Union Générale d'Editions, Paris.

[83] L. パストゥール著　山口清三郎訳（1970）『自然発生説の検討』（原著は1864年）岩波文庫，岩波書店。参照した原文は，パスツール全集第2巻，Velléry-Radot, Pasteur 編纂，Bibliothéque nationale de France による電子版 Bibliothéque numérique 所収。

[84] H. ベルクソン著　真方敬道訳（1979）『創造的進化』岩波文庫，岩波書店。原著は H. Bergson (1907) "L'évolution creatrice" 参照したものは (1941) Presses Universitaires de France, Paris.

[85] E. カッシーラー著　山本義隆訳（1979）『実体概念と関数概念：認識批判の基本的諸問題の研究』みすず書房。原著は Cassirer, E. (1910) "Substanzbegriff und Funktionsbegriff". 参照したものは (1980：復刻版) Wissenschaftliche Buchgesellschaft, Darmstadt.

[86] G. ドゥルーズ著　財津 理訳（2007）『差異と反復』河出文庫 上下2巻, 河出書房新社。原著は G. Deleuze (1968) "Différence et Répétition" Presses Universitaires de France, Paris.

## 5. その他引用書
[87] 村上陽一郎編（1980）『生命思想の系譜』知の革命史シリーズ第4巻，朝倉書店。
[88] J. モノー著　渡辺 格・村上光彦訳（1972）『偶然と必然：現代生物学の思想的な問いかけ』みすず書房。原著は Monod, J. (1970) "Le hasard et la nécessité. Essai sur la philosophie naturelle de la biologie moderne" Seuil, Paris.
[89] 太安万侶著　倉野憲司校注（1963）『古事記』岩波文庫，岩波書店。
[90] 鴨 長明著　市古貞次校注（1989）『方丈記』岩波文庫，岩波書店。
[91] WHO 統計：World Health Statistics 2010 年，WHOSIS (WHO Statistical Information System) http://www.who.int/whosis/whostat/2010/en/ より公開。
[92] 総務省統計局刊行，総務省統計研修所編集『世界の統計 2010』2010 年 3 月：ウェブサイト http://www.stat.go.jp/data/sekai/index.htm
[93] 伊藤元重著『マクロ経済学』(2002) および『ミクロ経済学』第二版 (2003) 日本評論社。
[94] 神谷美恵子著『生きがいについて』。原著は 1966 年。直接参照したのは，2004 年刊行の神谷美恵子コレクション所収のもの。みすず書房：もともと精神科医である著者による非常に客観的・理性的な生きがい論。
[95] D. N. ワイル著　早見 弘・早見 均訳（2010）『経済成長』第 2 版，ピアソン桐原。
[96] Latouche, S. and Harpagès, D. (2010) "Le Temps de la Décroissance"（脱成長の時）Troisième Culture（第三の文化）シリーズ, Edition Thierry Magnier。S. ラトゥーシュ・D. アルパジェス著　佐藤直樹・佐藤 薫訳（2014）『脱成長（ダウンシフト）のとき 人間らしい時間をとりもどすために』未来社。経済成長をやめて自給自足中心の生活を復活させようという本。
[97] Ksenzhek, O. (2007) "Money: Virtual Energy. Economy through the Prism of Thermodynamics" Universal Publishers, Florida. 前出 [54] の Plant Energetics の著者が書いたもので，経済を熱力学で理解しようという大胆かつ希有な試みの著作。
[98] 総務省統計データウェブサイト http://www.soumu.go.jp/senkyo/senkyo_s/data/

以下の英論文を参照した。
[99] Bourguignon, F. and Morrisson, C. (2002) Inequality among world citizens: 1820-1992. *American Economic Review* **92**: 727-744.
[100] Moffitt, R. A. and Gottschalk, P. (2010) Trends in the covariance structure of earnings in the U.S.: 1969-1987. *Journal of Economic Inequality* **9**: 439-459.
[101] Gowdy, J. and Mesner, S. (1998) The Evolution of Georgescu-Roegen's Bioeconomics. *Review of Social Economy* **56**: 136-156.

# 索　引

**欧数字**

2型アセトアルデヒド脱水素
　酵素　120
ADP　31
ATP　30, 169
ATP合成酵素　52
cAMP　65
DNA　17
$NAD^+$　30
NADH　30
NADPH　32, 170
NPP　94, 108
P/T境界　135
pH　75
Qサイクル　53
RNA　20
V/C境界　135
X染色体　27

**あ**

アクチン　49
アセチルCoA　31
アミノ酸　19
アミラーゼ　35
アリストテレス　149
アルファ・アミラーゼ　36
アルファプロテオ細菌　132
アンモニア　38, 97

**い**

維管束　84
勢い　5, 185
生きがい　2, 4, 199
生きている　2, 5, 139
　——状態　156
　——全体　157
　——ということ　202
異型配偶　58
一次共生　132
一次生産者　88
一次捕食者　107
一倍体　14, 18
一票の格差　165
一本鎖DNA　22
遺伝暗号　21
遺伝子型　18
遺伝子重複説　125
遺伝子の総数　20
遺伝子の定義　20
遺伝情報　18, 153
遺伝的浮動　124, 145
インパルス　79

**う**

うごき　5
運動　49

**え**

エピジェネティクス　27, 126
エピファイト　92
エボデボ　126
塩基　22
円石藻　93, 135
エンドファイト　92
エントロピー　158
　——差　158, 173
　——の意味　161
　——の最大値　163
　（世界全体の）——変化　169

**お**

オゾン層　134
温室効果　103

**か**

開始コドン　21
概日リズム　11
階層　6
　——性　116
　——的生命モデル　158
解糖系　28
界面活性剤　34
海洋循環　106
海洋ベルトコンベアー　105
海流　105
カウフマン　126
花芽　13
化学合成　48
核酸　93
核酸塩基　23
核相　14
核膜　24
核様体　24
過酸化水素　35
加水分解　36
花成ホルモン　85
化石燃料　94, 111
カッシーラー　142
活性化（自由）エネルギー
　38, 179
活性酸素　132
褐藻　135
花粉管　58
神谷美恵子　199
カルビン回路　32

# 索引

環境 116
環境汚染 146
還元 30
還元論 7
カント 142
間氷期 106
カンブリア紀の爆発 136

## き
記憶 79
機会格差 193
機械論 7, 145, 149
寄生虫 91
ギブズ自由エネルギー変化 160
木村資生 122
共生 83
共役 47, 112, 117
共有結合 36
局所的な不均一性 164
菌根 102
筋肉 49
菌類 134

## く
偶然 187
クエン酸回路 28
クラミドモナス 51
クリプトクロム 13
グルコース 29, 77

## け
経済 116
経済格差 190
形而上学 149
形質 17
珪藻 135
形態レベルでの進化 125
系統進化学 125
血液循環 75

決定論 153, 196
血糖 77
ゲノム 14
原核細胞 9
原形質流動 59
減数分裂 16, 68
現存量 107
現代人 127

## こ
コイン投げ 161
光化学系1 44
光化学系2 44
光化学反応 169
光合成 40, 131
　——細菌 48
　——電子伝達 44
　——のエントロピー生成 172
光周性 13
酵素 19, 33
紅藻 134
酵素のエントロピー差 180
合目的性 149
光量子 43
古気候 106
コギト 119
呼吸 31, 40, 168
呼吸鎖 46
古細菌 132
古事記 26
固定 123
コドン 21
根粒 82
根粒菌 83, 97

## さ
サイクリックAMP 65
サイクリン 10
サイクル 137

細胞周期 9, 33
細胞性粘菌 60, 65
細胞分化 27
桜前線 14
雑種形成 129
散逸構造 146, 186
酸化 30
酸化還元過程 41
酸化還元反応 170
酸素 29

## し
シアノバクテリア 11, 40, 97, 131, 132
紫外線 134
師管 84
自給自足 114
自己組織化 126, 145
脂質 93
子実体 60, 65
自然選択 122, 145
自然発生説 140
持続的成長 194
実存的欲求 199
清水 博 156
自由 196
自由エネルギー 28, 168
　——変化 37
終止コドン 21
重力走性 62
ジュール 104
受精卵 57
「種」の概念 122
種分化 129
シュレーディンガー 145
純一次生産量 94, 108
循環的光合成電子伝達 44
硝化 99
常在菌 91
蒸散 173

213

## 索引

ショウジョウバエ 11, 13
情報 158
情報分子の合成 177
触媒 19, 34
食物連鎖 107
自律神経系 80
進化 122, 166
　──速度 123
　──のエントロピー差 167
真核細胞 9
神経系 77
神経細胞 78
真正粘菌 59
真の光合成速度 108

### す

水素イオン 53
水平移動 119
ずれ 189

### せ

生活環 14
生気論 7, 145
生産者 107
生産速度 107
生産／投入コスト比 96
精子 57
生殖細胞 62
生体エネルギー 40
　──通貨 54
生態系 88
生と死 197
生物対流 63
生物多様性 187
生物時計 11
生命という存在の形式 188
生命の勢い 143, 145
生命の一般化されたモデル 175
生命の階層モデル 184

生命の進化 130
生命の秩序 151
生命の秩序構造 179
生命モデル 158
生命力 140
世代交代 14
石灰岩 93
絶滅種 166
セルロース 91
旋回運動 52, 82
染色体 18, 23
全体論 7

### そ

創造的進化 143
相補的 22
藻類 132

### た

ダーウィン 122
代謝 28
代謝過程レベル1 177
代謝過程レベル2 177
代謝過程レベル3 177
対数 162
体節構造 70
太陽光 172
対流圏 105
タイル指標 191
唾液 35
多細胞生物 67
脱成長 195
脱窒 99
脱分極 79
短日植物 13
炭水化物 40, 93
単相 14
炭素循環 93
タンパク質 18, 34, 93
団粒構造 101

### ち・つ

地域間格差 192
地域内格差 192
地殻 132
地球温暖化 103
地球の進化 130
秩序 150
　──形成 63
　──構造 117, 186
　（規格化された）──の尺度 163
窒素ガス 97
窒素固定 97
窒素循環 99
中央細胞 58
中立説 122
チューリング 73
　──モデル 73
超細胞構造 62
長日植物 13
腸内細菌 90
重複受精 58
土 101

### て

定常状態 73, 150
定常的なサイクル 148
デカルト 119, 141
デジタル的な状態決定 148
電子伝達 33, 41
　──反応 169
転写 21, 28
電照菊 13
デンプン 28, 35

### と

糖 40
　──新生 29
道管 84

索 引

同型配偶 57
動的協力性 157
土壌層位 101
突然変異 122

## な

流れ 5
ナノス 69

## に

二酸化炭素 40
二酸化マンガン 35
二次捕食者 88, 107
二重らせん構造 22
二倍体 14, 18
二本鎖DNA 22
ニューロン 78
尿素 38
人間社会 114
人間存在 202

## ね

ネアンデルタール人 127
ネーゲリ 62
熱水噴気孔 48
熱水噴出口 130

## の

農作物 110
濃度勾配 69
「飲めない」遺伝子 120

## は

ハーヴェー 75
胚 67
バイオエタノール 111
配偶体 14
胚珠 58
胚乳 58
胚発生 58

配列情報 163
麦芽糖 35
白鳥の首形フラスコの実験 141
パスツール 140
パターン形成 71, 137
発散 73
ハビタブルプラネット 4
繁殖率 123, 129
反応拡散モデル 71, 73
反応中心クロロフィル 171

## ひ

光走性 62
光の波長 43
ビコイド 69
非光化学的消光 173
微小管 50
ヒストン 24
微生物 88
ビッグバン 137
ビット 161
ヒトの進化 127
非平衡 154
　　――系 171
表現型 18
標準酸化還元電位 42
標準自由エネルギー変化 169
平等 197
微量元素 93

## ふ

フィードバック 65, 137
　（正の）―― 65, 95, 105
　（負の）―― 65
不均一性 8, 49, 74, 87, 116, 137, 173
　　――獲得 183
　　――と情報量の関係 164
　　――の概念図 182

　　――の哲学 190
複雑系 185
複製 24, 28
複製起点 24
複製終結点 24
複相 14
負のエントロピー 145
プラストキノン 44
プリゴジン 146
プレートテクトニクス 132
プロモータ 25
文化 3, 197
分子系統樹 125
分配関数 194

## へ

平均情報量 161
ヘテロクロマチン 27
ヘテロシスト 97
ベナール対流 147
ヘモグロビン 75
ベルクソン 143
変異型 121
変革体験 200
変形菌 59
べん毛運動 51

## ほ

胞子体 14
方丈記 47
胞胚 58
捕食者 88
母性因子 68
ホメオティック変異 71
ホメオボックス遺伝子 71
ホモ・サピエンス 127
ボルツマン定数 160, 161
ホルモン 77

## 索引

### ま
マウス 11
膜 53

### み
ミオシン 49
ミトコンドリア 40, 132

### む
無性生殖 14
無秩序 145

### め
めぐりめぐむ 6
メタゲノム 90
メタン産生菌 48

### も
目的因 200
目的律 150
目的論 145, 149
モノー 188
モンゴロイド 121

### や・ゆ・よ
野生型 121
優性 18
有性生殖 14
ゆらぎ 148, 186
葉緑体 40, 132

### ら
らせん構造 27
卵 56
卵割 58
ランダム 163

### り
陸上植物 135
陸上生態系 110
リゾスフェア 102
緑藻 134
輪廻 118

### る・れ
ルビスコ 32
励起状態 172

### わ
わきあがって 139, 181
わきあがる 7, 157
ワット 104

著者略歴

佐藤 直樹 (さとう なおき)

1953年（昭和28年）生まれ．東京大学理学部生物化学科卒業．東京大学大学院理学系研究科修了（理学博士）．東京大学助手，東京学芸大学助教授，埼玉大学教授，東京大学教授を経て，2019年東京大学名誉教授．
専門は，光合成生物の比較ゲノム・進化学，生命基礎論．
主な著書に，「細胞内共生説の謎」（東京大学出版会，単著），「創発の生命学」（青土社，単著），「光合成の科学」（東京大学出版会，共著）などがある．

---

エントロピーから読み解く生物学 ― めぐりめぐむ わきあがる生命 ―

| | |
|---|---|
| 2012年 5月20日 | 第1版1刷発行 |
| 2018年 9月 5日 | 第2版1刷発行 |
| 2025年 4月 5日 | 第2版3刷発行 |

著作者　　佐藤　直樹
発行者　　吉野　和浩
発行所　　東京都千代田区四番町 8-1
　　　　　電話　　03-3262-9166（代）
　　　　　郵便番号 102-0081
　　　　　株式会社 裳 華 房
印刷製本　株式会社デジタルパブリッシングサービス

検印省略
定価はカバーに表示してあります．

一般社団法人 自然科学書協会会員

JCOPY 〈出版者著作権管理機構 委託出版物〉
本書の無断複製は著作権法上での例外を除き禁じられています．複製される場合は，そのつど事前に，出版者著作権管理機構（電話03-5244-5088，FAX 03-5244-5089，e-mail: info@jcopy.or.jp）の許諾を得てください．

ISBN 978-4-7853-5853-2

© 佐藤直樹，2012　Printed in Japan

### 佐藤直樹先生ご執筆の書籍

# しくみと原理で解き明かす 植物生理学

佐藤直樹 著　Ｂ５判／202頁／定価 2970円（税込）

　本書では，実際に動いているシステムとして植物の活動を理解するために，生きている植物という基本に立ち返って，なぜという質問やどのようにという質問に答えることを目指した．また，各章のあとには問題と課題を配置して，学習の便をはかった．問題は各章のなかで重要な項目について自習するためのものであり，課題は読者自身が手を動かして，植物の働きを実際の体験を通じて理解するためのものである．学習の助けになるような内容を提供した．緑と墨の２色刷．

【主要目次】1. 植物と生命の共通理解 ーいろいろな不思議を発見するー　2. 植物の体のつくり ー多段構成を理解するー　3. 水と植物の科学 ーいのちを支えるダイナミズムー　4. 植物体を構成する基本分子 ー無限の可能性を秘めた生体物質ー　5. 植物機能を担う分子群 ー分子の多様性を知る第一歩ー　6. 光合成と呼吸 ー生命世界を動かす原動力ー　7. 代謝系の基本 ーすべてを生み出す底力ー　8. 細胞増殖と成長・発生 ーつねに成長し続ける植物体ー　9. 調節系のしくみの基本 ー時と場所をわきまえた細胞間のきずなー　10. 環境応答 ー感度良く着実にー　11. 細胞死と分解 ー引き際の美学ー　12. テーマ学習（1）ー葉緑体を詳しく知るー　13. テーマ学習（2）ー植物と人間の関係の新たな可能性に向けてー

---

## ☆☆☆ 新・生命科学シリーズ ☆☆☆　各A5判・2色刷

| 書名 | 著者 | 定価 |
|---|---|---|
| 動物の系統分類と進化 | 藤田敏彦 著 | 定価 2750円（税込） |
| 植物の系統と進化 | 伊藤元己 著 | 定価 2640円（税込） |
| 動物の発生と分化 | 浅島 誠・駒崎伸二 共著 | 定価 2530円（税込） |
| 動物の形態 ー進化と発生ー | 八杉貞雄 著 | 定価 2420円（税込） |
| 植物の成長 | 西谷和彦 著 | 定価 2750円（税込） |
| 動物の性 | 守 隆夫 著 | 定価 2310円（税込） |
| 脳 ー分子・遺伝子・生理ー | 石浦章一・笹川 昇・二井勇人 共著 | 定価 2200円（税込） |
| 動物行動の分子生物学 | 久保健雄 ほか共著 | 定価 2640円（税込） |
| 植物の生態（改訂版） ー生理機能を中心にー | 寺島一郎 著 | 定価 3300円（税込） |
| 動物の生態 ー脊椎動物の進化生態を中心にー | 松本忠夫 著 | 定価 2640円（税込） |
| 気 孔 ー陸上植物の繁栄を支えるものー | 島崎研一郎 著 | 定価 2860円（税込） |
| 遺伝子操作の基本原理 | 赤坂甲治・大山義彦 共著 | 定価 2860円（税込） |
| エピジェネティクス | 大山 隆・東中川 徹 共著 | 定価 2970円（税込） |
| ゼブラフィッシュの発生遺伝学 | 弥益 恭 著 | 定価 2860円（税込） |

裳華房ホームページ　https://www.shokabo.co.jp/